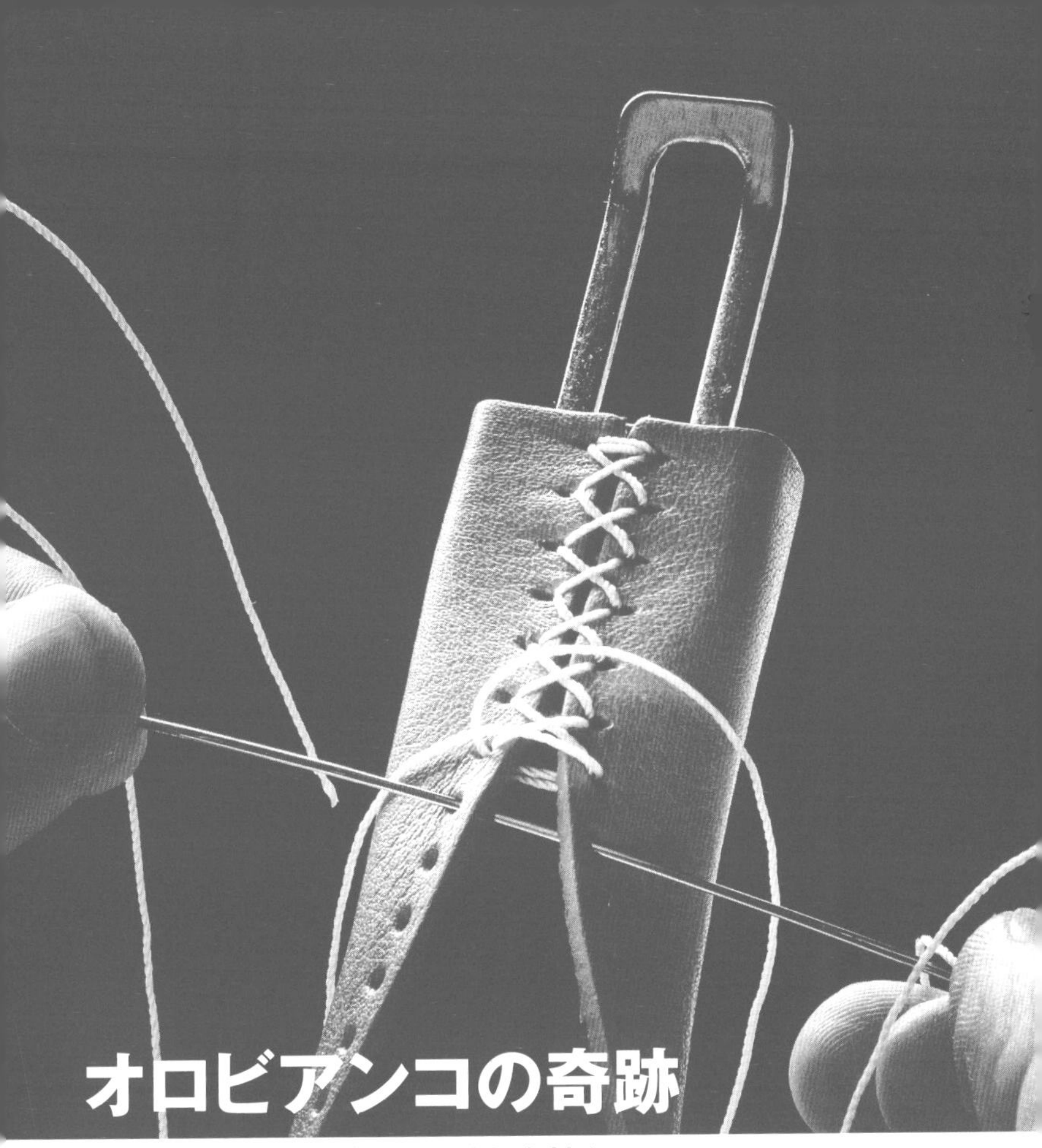

オロビアンコの奇跡

職人技とハイテクの融合が新市場を創る

たかぎ こういち
Koichi TAKAGI

The Miracle of
Orobianco
Made in Italy

オロビアンコの奇跡

オロビアンコ本社

本社倉庫に整然と保管されているアーカイブ

本社エントランス

オロビアンコの奇跡

Orobianco エンブレム集

ハンドルの縫製方法を打ち合わせ中のジャコモ氏

皮革素材のストック棚

近代化された工場

オロビアンコの奇跡

若い社員にマンツーマンでバッグ造りを伝える
アントニオ氏

ショルダーバッグ

ビジネスバッグ

ボディバッグ

飾りベルト付きトートバッグ

テクノモンスター部品加工の職人仕事

「ミベル展」最大級の出展スペース（14年3月）

漆作家 北村辰夫氏とジャコモ氏

大学で講義中のジャコモ氏

ベストプロデュース賞 授賞式（九州旅客鉄道（株）代表取締役・唐地恒二氏、近畿大学水産研究所所長・宮下盛氏、小山薫堂氏とともに）

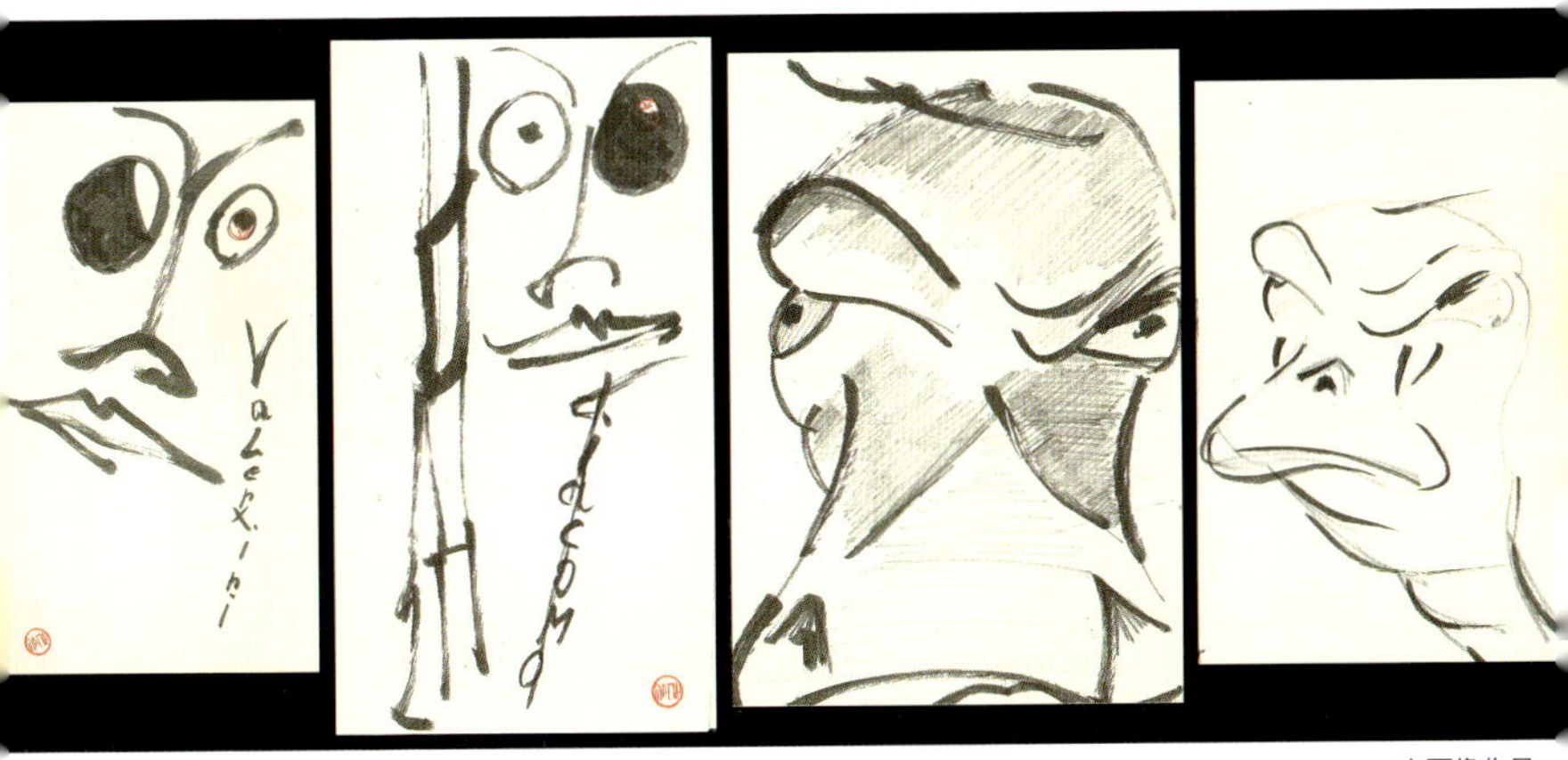

自画像作品

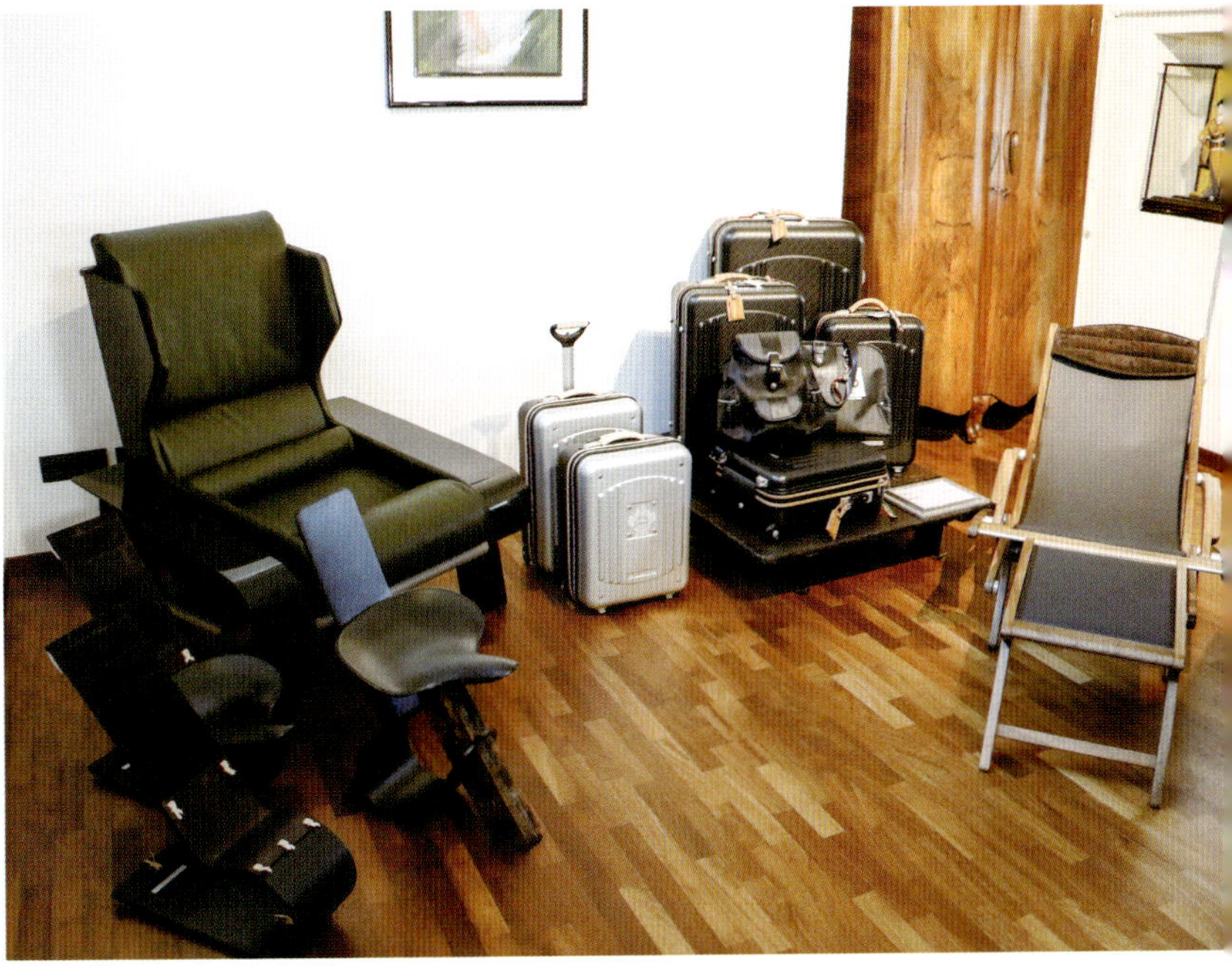

デザイン歴の長いチェアー作品群

公私にわたるパートナーのバーバラ・フィッシャー氏と

愛娘の Dalila ちゃんと Cocilia ちゃん

はじめに

本書は、イタリアの新進バッグブランド「オロビアンコ」の奇跡とも呼べる成功の秘密を解き明かすために書き下された。

今から18年前の1996年、ジャコモ・マリオ・ヴァレンティーニが従業員1名でスタートさせたオロビアンコ社は、ミラノからスイス国境方面に車で約1時間のロンバルディア州ガッララーテ市にある。同市は人口5万3000人、バッグと高級綿織物が地場産業の古都だ。

弱小資本で販売ネットワークもなく出発した同社が、なぜわずか18年で、イタリアの対日バッグ類輸出額シェアで10％弱も占める位置を確立したのか、そして年間輸出額50億円までの企業に急成長したのか。それが本書のテーマだ。

またオロビアンコブランドは今、日本のすぐれた技術力を有する20社近くの企業との協業により、さまざまに製品化され、販売されている。

さらに、ファション関連だけでなく、「食」分野でもオロビアンコの名を冠したレストランがすでに展開されている。東京・表参道、渋谷・ファイヤー通り、大阪・北新地そして淀屋橋。各店舗の打ち出す世界観がそれぞれ違うのも大きな特徴だ。

13年には「住」分野にも進出、実験的プロジェクトである都市型次世代ワンルームマンションも大阪府守口市に完成した。

なぜ短期間に、オロビアンコ社が日本の市場で大きな成功を収めることができたのか。その背景や理由が分かれば、日本の小さな製造業の今後の展開にも大いに参考になるはずだ。

浮利を追わない職人魂、ＩＴを駆使して職人技を若者に技術継承するノウハウ、日本の流通の特徴を知り尽くした販売戦略、経費を最小限に抑えた効果的ＰＲ戦略などなど。後発のイタリアバッグメーカーの特異な全体像を解明すれば、そこに可能性やヒントが必ず見えてくると思う。

本書は、第１章で日本のバッグ製造業の現状を明らかにする。またオロビアンコ社の日本での事業展開を俯瞰しつつ、高い生産性、最新システテムが生む独自化戦略を明らかにする。第２章では同社の超ベストセラー、ボディバッグにみるこだわりを探ってみた。第３章では創業者兼デザイナーのジャコモ・ヴァレンティーニ氏の生い立ちと経歴を辿りながら、その独創性がなぜ生まれるのかを探った。第４章では彼独特の経営ポリシー

「ＪＵＤＯマーケティング」を掘り下げてみた。第５章では日本の技術とイタリアの感性を融合させた事例を紹介する。

コスト発想のみで生産地を海外に求めた結果、国内の生産技術の継承が危うくなっているのが日本の製造業だ。一方、イタリアの片田舎から出発し、遠い国の日本で奇跡的な成功を収めたイタリアのバッグメーカーが存在する。

その違いはどこにあるのだろうか。

オロビアンコ社の日本での成功は、国内の閉塞的な現状を嘆くメーカーの経営者や、ＰＲ予算も方法もままならない小企業の担当者、そして売り先のバッティングや販売価格コントロールで悩んでいる営業責任者のみなさんに、きっと重要なヒントを与えてくれるはずだ。そう筆者は確信している。

〈CONTENTS〉

第1章

奇跡的な成功を実現させた職人魂

衰退する日本のバッグ生産現場

まず最初に、日本の現実を直視し、課題を提示にすることから始めたい。

日本国内におけるバッグ出荷額と事業所数の推移は下記の通りだ。データの出所は、日本皮革産業連合会が経済産業省の工業統計表から作成した資料（表1参照。13頁）である。

科目は①なめし革製書類入れかばん・学生カバン・ランドセル（以下①かばん類と表記）②袋物類（以下②袋物類と表記）③なめし革製ハンドバッグ類（以下③ハンドバッグ類と表記）に大きく分類されている。

1985年の①かばん類の出荷額は2375億00万円、事業所数は1172件、②袋物類は同949億800万円、同722件。

③ハンドバッグ類は同617億6400万円、同376件。
10年後の1995年、①かばん類は同192億7200万円、同1133件。②袋物類は同1133億8800万円、同618件。③ハンドバッグ類は同762億3700万円、同362件。①かばん類の落ち込みは顕著だが、②袋物類と③ハンドバッグ類の事業所数は減少しつつも出荷額は増えている。

90年代はバブル経済が崩壊、未曾有の金融危機を迎えた時代だ。91年のバブル崩壊をキッカケに長期のデフレーションと不況の20年へと突入する。

直近の2011年の出荷額と事業所数および95年比はどうなっているだろうか。
①かばん類は同162億1900万円、同71件。出荷額16％減、事業所数は47％減だ。95年には出荷額が増大していた②袋物類

も同３７２億６２００万円、67％減、事業所数は２５８件、58％減。③ハンドバッグ類は同１６７億７９００万円、事業所数は１４０件。実に16年前に比べて出荷額は78％減、事業所数は61％減という衝撃的な結果となっている。ちなみに、事業所を規模別でみると袋物製造業、ハンドバッグ製造業ともに９人以下が８割を占めている。この間に減った事業所、従業員やその家族のことを思うと心が痛むとともに、国や業界団体は、なぜ有効な対策を打たなかったのか、大きな疑問だ。

この衝撃的な統計数字を見ると、まさに国内バッグ製造業の空洞化が急激に進行していることが明確となる。

一方、90年代は製造業全体の海外への生産移転が進んだ。海外移転は、確かにコストの低減を可能にした。しかし同時に、国内小売価格の低下も大きく助長した。

表１　日本のバッグ出荷額と事業所数の推移

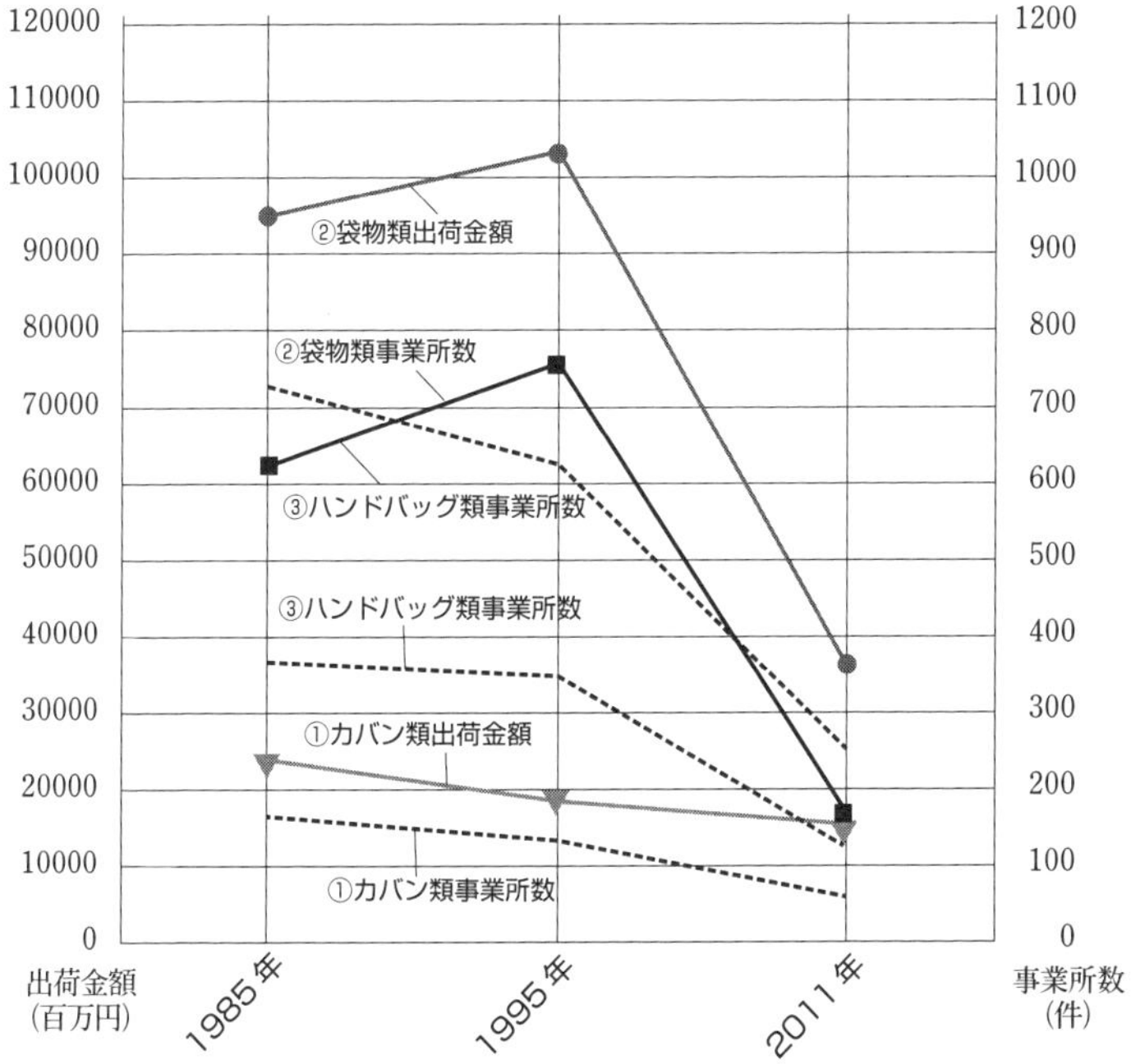

科　目		1985年	1995年	2011年
①カバン類				
出荷金額	百万円	23,705	19,272	16,219
事業所数	件	172	133	71
②袋物類				
出荷金額	百万円	94,908	113,388	37,262
事業所数	件	722	618	258
③ハンドバッグ類				
金額類	百万円	61,764	76,237	16,779
事業所数	件	376	362	140

この現状を見ると、生産コストの低減が本当に製造業の収益拡大に貢献したのかどうか、はなはだ疑問と言わざるを得ない。

海外でのバッグ生産の現状はどうか。例えば、中国広東省東莞市一帯のバッグ生産集積地も昨今、人手不足による人件費の連続する高騰、ストの頻発、原材料費の値上がりなどで輸出価格は毎年上昇が続いている。また、政治的な理由による対日感情の悪化などもチャイナリスクを高めている。

さらに筆者の知る限り、チャイナプラスワンも明確な回答にはなっていない。しかし、国内への生産回帰はアパレル産業も含めほとんど進んでいない。

●アジア市場に目を向ける

このなかにあって、低収益性・後継者難・将来への不安などを理由に、バッグ製造国内事業所の減少傾向は止まらない。

しかし、いま大事なことはアジア全体を俯瞰することだ。日本のメーカーはアジアのファッション先進国、日本に存在している。アジアの人々にとって東京はパリと並ぶ憧れの街だ。

日本のメーカーには、地理的優位性、体格・容貌も似た市場、日本のファッションへの憧れという有利な条件があるのだ。

日本人がメイド・イン・イタリーに憧れをもつように、アジアの人々は日本製に憧れと安心感を抱いている。

日本・東京発のバッグ製品の高度なファッション性と品質の優位性を、アジアの人々は誰も疑っていない。

14年の外国人観光客は１３００万人を超えた。その大半は中国、韓国、台湾をはじめアジアの人々だ。彼らの目的の共通項は東京でのショッピングだ。可能性を十分に感じさせる。

毎年10億円前後の成長を続ける

世界の企業情報をリサーチする場合、信頼できる情報源の1つは「ダンレポート」だ。同レポートによるとオロビアンコ社の売上高は、2010年度22億円、2011年度30億円、2012年度40億円、2013年度は50億円となっている。

2014年度の予想は58億円だ。売り上げの大半は日本向け輸出である。小売価格に換算すると、日本国内での売り上げは少なくとも150億円から200億円とみられる。とすれば、バッグ単体では国内ブランドトップの「吉田かばん」の売上高148億円に続く規模となる。

日本国内では、バッグアイテム以外での協業製品の展開もある。

したがってオロビアンコブランドの総売上高は、ゆうに

２００億を超えていると推定される。この規模は、特別な海外ラグジュアリィーブランドを除き、抜きんでた実績である。

他社と違い、日本に代理店もジャパン社もないオロビアンコ社は、すべて直接取引だ。なぜ、そんなビジネス形態が可能になったのかは後述する。

●ショールームに１０００本を超すアーカイブ

なぜ、毎年10億円規模で売り上げが拡大していったのか。その理由を、具体的事例を示しながら探っていく。

まず最初に、同社の企業史を参考にしながら２０１０年以前の、ビジネスインフラの準備作業を跡づけてみよう。

２００６年には未加工の素材３００種類とパーツ２０００種類をＩＴ管理できるシステムを開発・導入している。

広い通路の工場内

ナンバリングされた素材棚

２００８年にはショールームを開設。５つの部屋に別れた本社ショールームには、創業以来の主だったアーカイブ（１０００本を超す現品サンプル）がそれぞれの部屋にびっしりと展示されている。

通常、海外ファッション企業のショールームには、最新作のコレクションが美しく誇示されている。しかしオロビアンコ社はまったく違う。

同社の原点は物づくりだ。だから来場者には、代表的な製品をできるだけ見せるようにしている。シーズンごとに展示商品をコロコロと変える発想ではない。「それまでに製作した物は、すべて売れ続けてほしい」という職人的発想によるショールーム展開だ。この本社ショールームはお世辞にもきれいとは言えない。しかしバイヤーにしてみると、とてつもなく楽しくかつ役立つ

本社ショールーム

本社ショールーム

ショールーム機能なのだ。

別に本社倉庫には、創業以来のアーカイブ1万3000点余りも大切に保存されている（巻頭写真参照）。まさに職人魂といえよう。

この本社ショールーム機能により、訪問したバイヤーは自店のお客に合う商品を現物でピックアップできる。決められた品揃えの中からではなく、まさにバイヤー自身の目で自由に選ぶことが可能なのだ。

バイヤーは本来、物が大好きだ。しかも素材もすべて揃っている。だから別注品の発注も短時間で可能となる。

●コンピューター上に1万2000モデル

コンピューター上には1万2000点のバッグモデルが表示

される。選んだモデルに対し、すぐにディスプレイ上でカラー、ディテール、金具、そして裏地までシミュレーションが可能なのだ。喜ばないバイヤーは絶対いない。選ばれた素材、デザイン、付属品等はバーコードで読み取られ、電子情報化されたオーダーシートとなる。そして生産現場へと引き継がれるのだ。

この生産システムが他社とオロビアンコ社との最大の相違点であり、最大の強みと言える。また自社工場生産の強みは、少量のミニマム発注数にも対応できることだ。日本の地方の単一セレクトショップでもイタリアブランドの差別化商品の発注が可能になる。

通常、業界の常識では、仮に中国の工場であれば、ミニマムの生産数は1デザインで通常各色別に２４０本が受注の条件。国内工場でも、１デザインで5ダース60本が最低の基本単位だ。

オロビアンコ社の、このズバ抜けた対応力は、他社には絶対に真似ができない。

08年にはプレスオフィスも開設された。この年は、成長への準備が整った年と位置づけられる。

09年には、エポックとなるロジスティックセンターが稼働、物流の余力は大きく広がった。オロビアンコ社の競争力は整備された。

2010年の展開

この年から毎年、10億前後の売り上げ増が確保されていくのである。2010年、『Ｍｏｎｏ Ｍａｘ』（宝島社刊）の表紙をジャコモ氏が飾るオロビアンコ特集号が発行された。日本市場での認知を不動のものとする。同年３月、韓国を代表する財閥企業集団ＬＧとの連携を発表。ＬＧは８月、３軒のショップを韓国にオープンさせる。

ちなみにこの年、繊研新聞社から日本で事業展開する海外企業に贈られる「クリエイティブ賞」も授与されている。

また同年、フェイスブック、マイスペース、ユーチューブそしてツィッターなどＳＮＳにも進出、ＷＥＢでの販売もスタートさせた。

さらに、トランクショーも日本全国の百貨店、有力セレクトショップ（ＵＡ、シップス、ナノユニバースなど）で開催、その知名度は大きく広がった。

そして11月にはシンガポール髙島屋にも進出する。

●2011年の展開

2011年はイタリアのメンズファッション展「ピッティ・ウオモ」(1月開催)でスタートした。創業当時、同展にブースを申し込んだが断わられた経緯がある。しかし今や、ピッティ・ウオモでオロビアンコは外せないブースとなった。

また、ミラノで開催される世界最大のバッグ展「ミペル」での出展ブースの広さはトップクラスを誇る。この15年間のオロビアンコ社のポジション変化を物語る重要な出来事だ。

11年は同社設立15周年であった。それもあり、ピッティ・ウオモ展の最高の場所にオロビアンコの記念展示スペースが設営された。イタリア国内でも揺るがない不動の評価を与えられたのだ。

11年は日本企業との協業アイテム事業が大幅に拡大する。6月にはシュークリームの「ヒロタ」との協業による限定商品が

「ミペル展」出展ブース（2014年３月）

発売され、大きな話題となった。

秋には日本のメンズアパレル企業との協業もスタート。またメンズバッグの「ベストマニファクチュラー賞」を繊研新聞社より与えられる。

イタリア国内でも12月、ミラノのファッションエリアであるピアッツァ・ドゥオモにショールームをオープン。これがエポックとなり、イタリア国内販売への注力度が飛躍的にレベルアップする。

12年~14年の展開

2012年もその勢いは止まらず、市場を飲み込むように急拡大を続ける。ａｕのアイフォンカバーを制作、オロビアンコブランドの時計「タイムオラ」が時計業界紙のベストウォッチトップ10の２位と８位に入賞する。ちなみに、タイムオラの販売先は現在２１０口座にまで拡大している。

さらに同年、宝島社からムック本を春と秋に連続刊行。日本最大のバッグ販売小売業（東証１部上場企業）、東京デリカ（現サックスバーホールディング）の東京スカイツリー・オープン・イベントにゲスト招待され、協業をスタートさせた。

６月のピッティ・ウオモでは、タフさと機能性をテーマに新ブランド「デザルティカ」を発表。

さらに「ファッション」と「食」の融合を目指したレストランの展開、ワインの輸入、香水の発売などの構想も発表された。ジャコモ氏によるトークショーも国内各地で活発に行われた。

11月には、東京デリカ傘下のバッグ専門店チェーン、サックスバー各店でオロビアンコ・フェアが実施された。12月には国内の協業先と男性向けアクセサリーもスタートする。

２０１３年に入ると2月には、カーサ・オロビアンコ研究会が提案した未来の居住空間「マイクロ・テクノ・ハウス」第１号が大阪府守口市に完成する。３月には3度目のムック本を発刊。

同月、渋谷・ファイヤー通りにジャコモ氏デザインのショップ&カフェレストラン、「カフェ・オロビアンコ」もオープン。４月には大阪・北新地に「オステリア・オロビアンコ」が、続けて東京・表参道ＧＹＲＥに「オロビアンコ・スプマンテリア」がオープン。中国でもバッグショップ4店舗が追加オープンされた。

２０１４年6月には、ミラノのピアッツァ・ドゥオモに待望のオロビアンコ路面点がオープンし、大きな話題となった。

ミラノショップ

オロビアンコブランドの時計「タイムオラ」

イタリアのバッグ製造業の今

周知の通り、イタリアは19世紀フランスの服飾産業界への素材供給と加工基地の時代を経て、今では、世界のファッションビジネスの中心の一角を占めるようになった。

世界各国へ輸出されるファッション商品はイタリアの主要な外貨獲得源となっている。

イタリアで最も権威のある皮革産業協会（ＡＩＭＰＥＳ）のリポート「皮革産業における経済的傾向」によると、２０１３年は景気循環の悪化により国内バッグ需要は低下し、中・低クラスの商品は、「人件費の安い国々からの輸入商品に浸食されている」とある。金額ベースで見ると、２０１２年はバッグ輸入総額の39・６％、２０１３年は同35・４％を中国製品が占めている。

表 2　国別輸入先

ユーロ建て（2013 年は 1 月から 10 月合計）				
国	2012 年	2013 年	前年比	全　体
中　国	794,713,175	693,844,560	-12,69％	35.35％
フランス	332,029,238	319,318,446	-3.83％	16.27％
スイス	80,191,100	87,624,910	9.27％	4.46％
ルーマニア	63,103,000	73,962,804	17.21％	3.77％
ドイツ	49,800,222	51,914,538	4.25％	2.64％
オランダ	35,203,386	49,608,070	40.92％	2.53％
ベルギー	52,093,639	49,503,383	-4.97％	2.52％
スペイン	31,702,914	38,735,979	22.18％	1.97％
インド	29,157,881	35,044,939	20.19％	1.79％
ブルガリア	23,086,327	23,734,720	2.81％	1.21％
インドネシア	22,527,776	22,691,063	0.72％	1.16％
香　港	18,937,781	20,923,304	10.48％	1.07％
ベトナム	16,611,856	20,820,388	25.33％	1.06％
タ　イ	9,433,881	11,212,359	18.85％	0.57％
タンザニア	8,233,579	9,623,466	16.88％	0.49％
ハンガリー	8,536,670	9,161,292	7.32％	0.47％
スロバキア	3,760,975	3,831,735	1.88％	0.20％
台　湾	4,003,327	3,210,878	-19.79％	0.16％
パキスタン	1,646,585	1,817,131	10.36％	0.09％
モロッコ	265,820	478,646	80.06％	0.02％
その他地域	419,865,692	435,695,681	3.77％	22.20％
計	2,004,904,814	1,962,758,292	-2.10％	100.00％

輸入本数ベースになると、さらに中国製品のシェアが高くなるのは容易に理解できる。

イタリア国内市場の低価格品は、主に中国からの輸入品に席巻されているのである。

●イタリア皮革製品の輸出の現状

しかし、悪化している国内市場とは対照的に、イタリアの輸出実績を見ると大きな成長性が認められる。その主な理由は、ハイエンドゾーン製品の輸出だ。輸出価格の平均は144ユーロ（日本円で2万円強）だ。「職人、美学、技術革新と機能性を団結させたメイド・イン・イタリー製品」とレポートでは表現されている。日本と似た国内市場状況だが、輸出が産業を支えているのだ。もちろん日本の製造業でもハイレベルな2万円前後の輸出価格品の製作は十分可能と筆者は考えている。

では、イタリアの基幹産業である皮革製品の輸出の現状を同リポートから見てみよう

２０１３年（1月から10月）は前年比で、ハンドバッグ類は10・18％増、小物類は20・81％増だ。ベルト類も８・52％増だから着実に成長している。

国別輸出実績伸び率はブラジルが73％増、アラブ首長国連邦は34％増、中国とトルコが28％増だ。いずれも、分母は小さくない。

また平均輸出価格は、１４４ユーロ（2万円強）だが、半数は革製品。このＦＯＢ価格からも上質な高単価品の好調さが読み取れる。

リポートには、世界の皮革製品の需要は毎年７％以上の成長が見込めると書かれている。イタリアの皮革製品全体の輸出は10・

92%増だ。

ちなみにイタリアの輸出額の多い国別順位は①スイス ②フランス ③米国 ④香港そして日本だ。

日本の財務省が作成した輸入商業統計によると2013年度のイタリアからの輸入額の第1位は医薬品、第2位は機械類、そして第3位はバッグ類。バッグ類の内訳をみると皮革・レザー製小物類では、①ハンドバッグ類が176億900万円 ②革小物類は317億5400万円 ③旅行用とトワレット、ショッピングや特殊な用途のバッグが417億9500万円 ④ベルト類が34億9800万円である。

このデータに基づくと、ハンドバッグ類と革小物類のイタリアからの輸入総額は約494億円だ。オロビアンコ社の対日輸出額は、約40億円と推測される。同社の製品がイタリアからの

表３　国別輸出先

ユーロ建て（2013年は１月から10月合計）				
国	2012年	2013年	前年比	全　体
スイス	771,765,836	797,368,704	3.32％	17.05％
フランス	628,056,652	608,844,256	-3.06％	13.02％
米　国	351,165,673	415,242,834	18.25％	8.88％
香　港	317,869,519	380,940,905	19.84％	8.15％
日　本	320,495,811	349,486,533	9.05％	7.47％
英　国	227,178,002	273,359,678	20.33％	5.85％
ドイツ	227,835,392	265,957,223	16.73％	5.69％
韓　国	223,511,900	253,359-,846	13.35％	5.42％
中　国	127,697,441	163,872,103	28.33％	3.50％
ロシア	106,804,663	121,268,331	13.54％	2.59％
スペイン	117,100,988	101,632,643	-13.21％	2.17％
シンガポール	63,214,493	80,731,543	27.71％	1.73％
オランダ	82,861,367	78,432,907	-5.34％	1.68％
アラブ首長国連邦	47,534,309	63,893,248	34.42％	1.37％
オーストリア	51,115,069	52,725,438	3.15％	1.13％
ベルギー	38,798,135	39,084,878	0.74％	0.84％
台　湾	36,951,780	38,274,370	3.58％	0.82％
その他地域	598,599,023	591,608,101	1.1％	15.24％
計	4,215,641,471	4,676,083,541	10.92％	100.00％

輸入総額の10％弱を占めていることになる。

オロビアンコ社がこだわるメイド・イン・イタリーの定義は厳密だ。しかし、中部大学の講師、小山太郎氏の論文「イタリアのブランド」によるとイタリアの法的定義はだいぶ異なる。イタリアの法的定義では、イタリアで加工された完成品に占める「イタリア原産でない原材料価格の比率」が一定水準内（バッグでは3～5割程度）であれば、メイド・イン・イタリーとの表現は可能とされる。イタリアの原材料を使用し、国外で単純な組み立てのプロセスを経たものも、同じく表現可能とされる。しかし、オロビアンコはまさに100％のメイド・イン・イタリーだ。この点においても同社は、イタリアでも特異な企業なのである。

同レポートによれば、世界のバッグ市場規模は毎年7％程度成長すると予測されているが、日本のバッグ製造業もイタリア同様、この成長する市場に可能性を見出せるのではないか。

奇跡の成長を実現させた独創性

オロビアンコ社の独創性は、オーナーであるジャコモ氏の異才とも呼べる独特の着想と実行力から生まれてくる。この独創性はデザインの才能とは違う。成功事例を分析すると、その教訓は、日本のメーカーでも十分に学ぶことが可能なものだ。その独創性を具体的に説明していく。

どこもそうだが、創業時のオロビアンコ社には潤沢な資金や販売ネットワークは存在していない。ジャコモ氏はこの業界で、実績を積みながら独立したわけではない。

出発点の状況は、本書をお読みになっている多くの読者とさして変らない。では、何がオロビアンコ社の群を抜く成長をもたらしたのか。

●即断・即決を生む的確な情報収集

まず、第一の教訓は、決断の速さだ。例えば、ジャコモ氏に何か依頼すると、当日中に然るべき人間に指示が出され、回答が迅速に届くのである。決断の早さは、複数の案件が同時進行している場合でも同じだ。

なぜジャコモ氏は即決できるのか。マーケット情報を的確に把握しているからだ。即決を生む的確な情報は、彼の地道な情報収集方法によってもたらされている。それは、非常にシンプルで誰でもが出来ることなのだが、しかし、ほとんどの人々が忘れている。

ジャコモ氏は、何よりも売り場を歩き、バイヤーと意見交換し、消費者や市場を自分の眼で観察している。それを定点で16年間も続けているのだ。いちばん確実な情報は売り場にある、購入する消費者が持っていると確信しているからだ。

筆者は長い業界経験のなかで、海外のメーカーとのタイアップ経験が多数ある。もちろんイタリアの名のある複数の中堅バッグブランド企業との経験もある。しかし、遠いこの日本に年間に何度も来日し、売り場を継続的に観察しながら、消費者の変化を直接感じとっているジャコモ氏のような経営者はいない。また、日本人との人間関係を深め広めようとしてきたオーナーもいない。

一般的に市場把握は、営業責任者やデザイナーに任されており、オーナーは資金や人の管理にエネルギーと時間を割いているのが普通だ。国内の企業でも同じである。

ジャコモ氏の実践とオロビアンコ社の成長をみると、トップが前線の現場に出ることが如何に重要なのかを示している。即断、即決できるのは、裏づけとなる取り組みの結果が予想できるからだ。これは重要な教訓である。リアルな市場を知らない者に少なくともファッション企業の経営はできないと言っても過言ではない。

●物づくりに投資し続ける

第2の教訓は、創業当初から、確保した利益の投資先を分散させなかったことだ。職人であるジャコモ氏は、迷うことなく利益の半分を製造部門の設備と人材に投資してきた。自社製品が売れ出すと誰でも、販売を先行させ、利益の取れる直営店の出店を進める。デベロッパーからも好条件でお声がかかる。

しかし、ジャコモ氏は物づくりに徹底し、販売やＰＲは販売先に任す主義を貫いてきた。誘惑も多かったはずだが、その信念は一切揺るがなかった。

物づくりに徹する職人からみると、流行りの株や債券はリアルではない。ただの紙切れに過ぎないのである。

一方、製造設備や職人は、間違いなくリアルな存在だ。この価値観は当たり前のように聞こえるが、収益を出した経営者は古今東西、そうはなり切れていない。アメリカ人には絶対みられないタイプなのである。当然だが、当初の利益は小さかった。しかし、その小さな利益を物づくりに投資し続けた。それが積み上がって他社との大きな差別化につながったのである。

試作品を創るベテラン職人

これが、オロビアンコの奇跡を実現させる原動力となった。

職人技とＩＴの融合が生んだ奇跡

第3はＩＴの効果的な導入だ。設備投資の中に占めるシステム構築費は、その完成度をみると半端でなかったことは容易に想像できる。

筆者は世界各地のさまざまなバッグ生産現場を見てきた。想像を絶する中国の大規模工場には最新鋭の機械が揃っているし、生産能力も安定している。

しかし逆に、中国の生産システムには大きな弱点がある。管理者と現場のコミュニケーションが著しく不足しているのだ。

日本人的な考え方からすると理解し難い組織構成になっている。組織を管理する考え方が根本的に違い、従業員は機械と同じパーツであり、消耗品になっている。これでは物づくりの職人は育たない。一方、ガッララーテのオロビアンコ社の場合、生産現場には濃密なコミュニケーションが根づいており、技術の伝承がキッチリと行われている。

2004年にはジャコモ氏の公私にわたるパートナー、バーバラ・フィッシャー氏が参画した。これが大きな転機となる。この年から彼女を中心としたテクノロジーのITプログラム再構築がスタートしたのだ。あらゆるニーズに即座に対応できるオーダーシステムが稼働し始めたのである。

以後、この社内ソフト開発力はオロビアンコ社の最強の武器として成長して行く。

同社の大きな特徴は、ヒューマンとＩＴが両立されていることだ。ＩＴ化の位置づけは業務の効率化だけではない。その最大の特徴は、職人が永年の経験で習得した作業能力をコンピュータで数値化したことだ。これにより若い従業員が、ベテラン職人と同レベルで作業を効率良く遂行できるようになった。

例えば、このＩＴ化は、自然素材の加工に抜群の威力を発揮している。ナイロンやポリウレタン素材の場合、傷などがないことから、同じ面積の素材から同じ枚数の部材をカットすることは容易だ。しかし、化学素材に比べ、自然素材の皮革では加工されていても、原皮の傷の場所や大きさはそれぞれが違う。バッグ製作に一番効率の良い裁断場所を一瞬で決めるには、長年の修業が必要だ。ベテラン職人は、もっとも無駄のない裁断方法を決めることができる。

●職人技を継承する自動裁断機

オロビアンコ社は、この長年の職人技をコンピューター化した。1枚ずつ原皮をスキャンし、それぞれの素材ごとに傷の位置を含めた情報を読み込んでいる。

全体の面積や傷の位置、製品に使える裁断面積もこのシステムが読み込み、すべてデータベース化しているのだ。さらに1万2000点以上の素材ストックも完璧にデータ化されている。

このデータ化により、的確な小ロット対応が可能になる。生産する商品の裁断に必要な最適な素材をコンピューターが選別し、これもまた、世界最先端の裁断機が裁断作業を行うのだ。これをネスティングと呼ぶ。いかに無駄のない素材の裁断を実現させるかが、生産メーカーの効率化にとって最大の課題だ。同社のコンピューターシステムは裁断の幅を残さず、1枚の原皮をも

ジャコモ氏と若い社員たち

っとも効率良く裁断することができる。コストの低減化に向け、このシステムは熟練職人以上の力を発揮している。

同社では、世界最新技術を誇るフランス・レクトラ社製の自動裁断機を導入している。この最新自動裁断機はオロビアンコ社とレクトラ社とが共同で開発した試作機である。

レクトラ社は航空機、自動車産業からアパレル産業まで、裁断して縫製するあらゆる自動裁断機のトップメーカーだ。

同社はバッグ裁断機の研究開発に向け、パートナーとしてオロビアンコ社を選んだ。その革新性と進取の精神に富んだ同社の企業文化をリスペクトしたからにほかならない。

●すぐれもののコンピューターミシン

自動裁断機とともに興味が引かれるのはコンピューターミシ

物づくりの原点の工具類

ンである。

これは、ベルトの端を縫い込むミシンだ。小さな部分に多くの縫い目が入る手の掛る工程を守備よく完成させるすぐれものだ。

このコンピューターミシンの特徴は、帰りミシンと業界で呼んでいる二重にミシンを充てる工程の処理能力である。

同社の場合、帰りミシンの目数が通常よりも少ない。毎日2000本のバッグを生産する工場において、1本当たりのミシン目を少なくできれば、時間削減が可能となる。強度が必要な部分を人間が縫えばどうしてもミシン目は多くなるが、機械の場合、プログラミングされた最適な目数で縫うことができる。

このコンピューターミシンは、ルイ・ヴィトン社とオロビアンコ社にしか納入されていないという。

オロビアンコ社の売上高は、世界の名だたる企業とは比べられない規模だ。しかし、同社とレクトル社との間には、相通じる職人魂があるのだ。

オロビアンコ社では、熟練職人が新入社員向けに3か月のプログラムを組み、バッグの製造過程のすべてを経験させる。新入社員が最終商品を完成できるまで指導しているという。

指導にあたっているアントニオ氏は「バレクストラ」のバッグづくりの元責任者。正真正銘のアルチザンだ。祖父から孫への継承が同社では今日も続いている。

●クレームゼロのトローリー

ガッララーテには、ウエストランド社の訓練設備もある。同社は世界屈指の卓越した技術力を誇るヘリコプター製造企業だ。その製品は日本の防衛省や警察庁にも納入されている。だから

先端技術の結晶トローリー

ガッラーテには、ヘリコプターの消耗部品の下請け企業が数多く点在している。余談だが、これらの企業群は、宮崎駿の『風立ちぬ』のモデルにもなった。

オロビアンコ社には、このヘリコプター部品の開発に関わった技術者が多数いる。彼らの役割は、３Ｄプログラムを駆使し各部品を設計することだ。３Ｄプリンターを駆使すればプロトタイプは簡単に製作できる。だから開発から製品化への時間は大幅に短縮される。彼らの成功事例の１つが、ラゲージのもっとも過酷な摩耗部分であるトローリーの開発だ。業界各社がその技術レベルを競っているパーツである。同社では10万個を超えるトローリーを生産しているが、故障のクレームはゼロに近い。

育っている若手技術者

第2章 超ベストセラーに見るこだわり

リモンタ社製のナイロン素材

オロビアンコ社には、創業以来の1万3000点に及ぶデザインコレクションがある。トップベストセラー商品は、ボディバッグの「アンニバル」だ。そのこだわりを専門的な部分も含めて見ていきたい。

オロビアンコ社が使用するナイロン素材はイタリアの代表的素材メーカー、リモンタ社製だ。

世界の超一流ブランドで取引のない企業はないと言われるリモンタ社。1893年創業、社員1300名の名門企業である。オロビアンコ社には同社と共同開発した特別仕様高密度ナイロン53色が供給されている。

この素材により、オロビアンコ社はバッグ素材の発色やオリジナルカラー、高級感を実現することに成功した。オロビアンコ社は現在、リモンタ社の最大取引先の１つとなっている。

１９８０年代、イタリアのプラダが女性バッグにナイロン素材を使用、一大ブームを起こした。これによりナイロンは、バッグ素材として一般化する。柔さを活かすナイロン素材の場合、縫うとミシンの針に双方が引っぱられ、縫い目が直線になりにくいのも事実。高いレベルの縫製技術が求められる。また、その特性から縫い目がゆがみやすい。

ボディバッグの正面写真（64頁）を参照していただきたい。中ほどからトップにかけての山形の縫製部分には生地を縫製したときのゆがみが見られる。

オロビアンコ社が使用しているナイロンは細番手糸で織られており、高密度で発色も深く高級感がある。逆にタフさを打ち出しているデザルティカでは太番手糸のナイロンが使用されている。

ベストセラーのボディバッグでは、ボディのサイドとトップのベルト接合部分にレザーを使用しているが、ボディの主体はリモンタ社製の高密度ナイロンだ。

色に深みがあり、かつ独特で絶妙な光沢感がある。付属部材とロゴプレートのシルバー色は、使用革の渋いブラウンレザーとコーディネートされ、完成度の高さを見せている。

同社のボディバッグの人気の秘密は、もちろん機能性やデザインにあるが、デザイナーと素材の専門家が熱意をかけて研究開発した素材にもある。

何事もそうだが、完成度の高い商品には、バッグの裏側、内部、付属品などの見えない部分にも開発にたずさわった人々の時間や努力や想いが込められている。それが分かると自分のバッグに愛着が生まれ、いとおしく感じるから不思議だ。

革素材の使い分けと縫製のきめ細かさ

天然の皮（英語表記ＳＫＩＮ）は、なめされると革（英語表記Leather）と呼ばれる。昨今、牛原皮の価格は09年比14年でみると、3倍近く高騰している。原因は牛の飼育頭数が減少する一方、中国市場での靴や自動車シートなどの需要が大きくなってきたことだ。

しかしオロビアンコ社は、原皮のコストアップをさまざまなレベルでの生産性向上により吸収している。バッグ１本当たりの革使用量がナイロン主体のため少ないのも幸いしている。

ボディバッグには3種類の厚さに分けたブラウンの革が使用されている。革を薄く削る作業を専門用語で梳（す）くという。梳き方で革の厚さが変わる。使用箇所別に3種類が使い分けられている。


革は、元々かなり厚い原料だ。専門的には一番上質の表面部分を日本では銀面と呼び、下層部分を床（とこ）面と呼ぶ。床面部分は、表面に化学加工を施し、バッグの材料として使われる。ただ裂けやすいため、中級品以下の素材に使用される。

オロビアンコ社ではキップと呼ばれる生後半年から2年位の牛の革の銀面を使用している。生後半年以内のカーフと呼ばれる牛の革と比較するとキメの細かさでは劣るが強度が増す。メンズのボディバッグの使用素材としては最適だ。

梳き加工を施した革素材のなかで、最も厚さのある革を使用しているのはボディ部分（正面写真②）とトップ部分（同③）の裏側（裏面写真④）だ。バッグのカタチを支えているのは正面写真の底部分とサイドの革部分だ（64、66頁写真参照）。

日本で同じ物を製作しようとすると、底部分と横の下部部分の一枚部分の革に加えて、内部に芯地を入れる。オロビアンコ社の場合はこの革だけで形が作られるので、自然な出来上がりとなる。

ボディバッグで最も力がかかる部分は、トップの綿ベルトを縫い付けている箇所だ。そのため、厚い革だけでなく両端を薄く梳いた革で補強しており、二重に重ねて縫われている。二重にしても厚くなり過ぎないように薄く梳かれているわけだ。

また外側からは見えないが、裏地との合わせ部分が、やはり

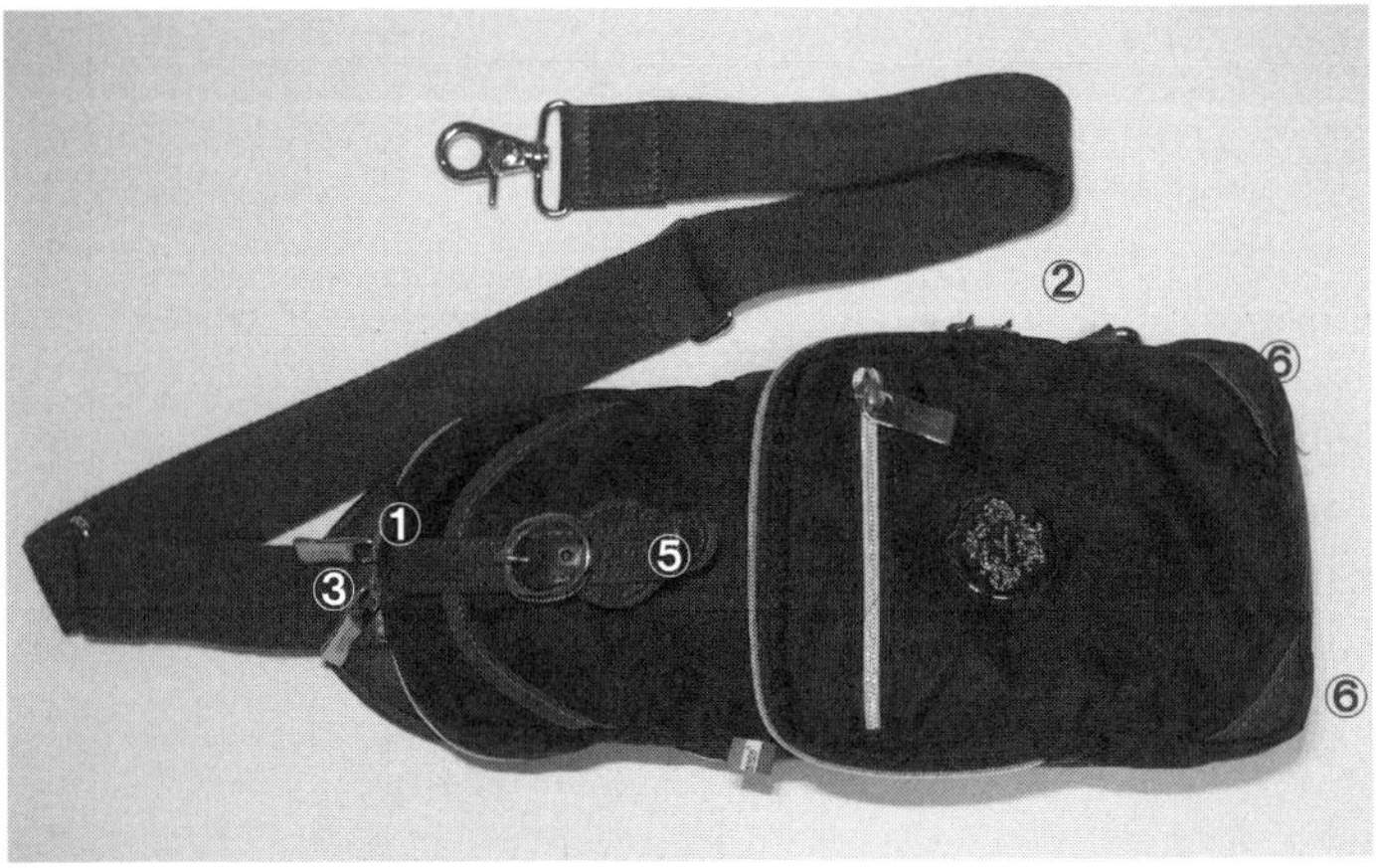

正面写真（ボディバッグ）

二重に縫製されている。強度も考慮しながら丁寧な処理が施されている。

コバ加工と呼ぶ革同士の切り端の合わせ目を磨き、同色のラバーで丁寧に表面加工されている。この工程は細かい手作業である。コバ加工は飾りベルト（正面写真⑤）、裏（裏面写真④）、コーナーの補強部分（正面写真⑥）、3か所あるD官止め（裏面写真⑦）部分の切り端すべてに施されている。細部への丁寧なこだわりが感じられる。

次に少しうすく梳かれた革素材が使用されている部分を見よう。飾りベルト（正面写真⑤）、3か所あるD管止め部分（裏面写真⑦）、裏の綿ベルトをフックするD管止め部分（同中央⑦）だ。二重縫いの上からさらにホック止めが施されている。フック側にも1枚の革の両端を梳き、縫い目はさらに4枚重ねに縫製さ

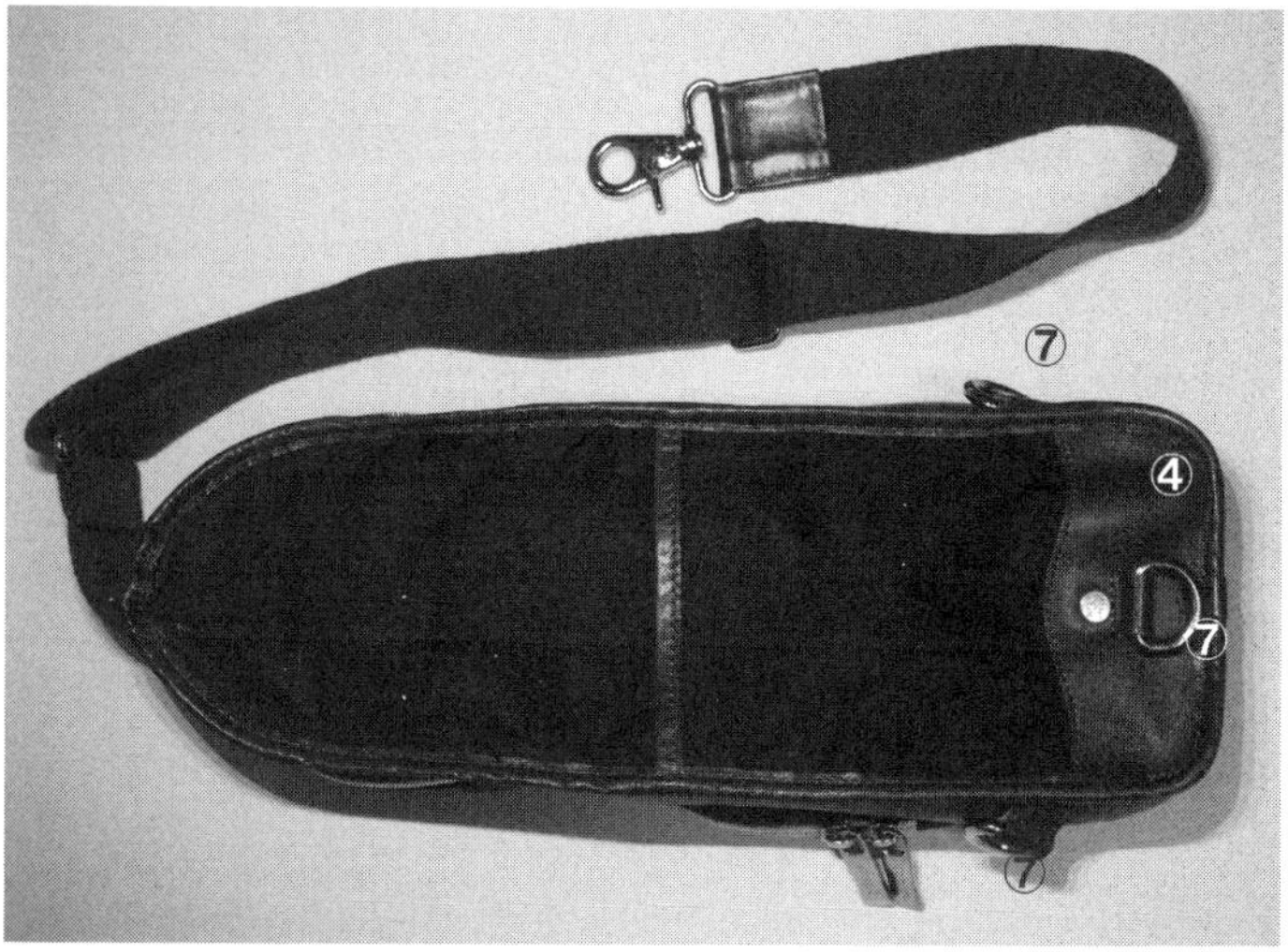

裏面写真（ボディバッグ）

れている。少々乱暴に扱われても大丈夫だ。

飾りベルトのマグネットの受け側にもナイロンだけではなく、補強のために少し梳かれた丸型の革素材が縫製されている。もっとも薄く梳かれている革素材はトリミング（縁取り）部分だ。最初に紹介したもっとも厚い部分の革素材だが、一律に梳かれているのではない。端部分の縫い合せ箇所のみ、縫製しやすくするためにより薄く梳かれている。１枚の革素材を使用箇所により厚さを変えている。自然素材ならではの加工方法だ。

裏面を囲むように裏地、ナイロン素材、革の３種類をかぶせ、全体をトリミング（縁取りの縫製）している。

小さなボディバッグだが、細部を見ると革素材の使用箇所に対応し、最適な素材と加工方法が選ばれているのが分かる。強度や機能を踏まえ、見えない部分にも工夫が施されている。職人仕事の素晴らしさが堪能できる一品だ。

半端でない付属部材へのこだわり

前項では素材であるナイロンと革について解説した。ここではその他の付属部品を見てみる。

ボディバッグの付属品は、①プラスティックファスナー ②ファスナー引手5個 ③D管3個 ④飾りベルトのバックルと止め金⑤綿のショルダーベルトに調整金具と丸管（C管）⑥ショルダーベルトとボディをつなぐスナップフック ⑦正面のロゴプレート ⑧裏側で固定するための丸金具 ⑨小さいがポイントのイタリアントリコロールの縫い付けなどだ。

写真・内側①

写真・内側②

内側（写真・内側①と②参照）では、①ブランドメタルプレート②デザイナー、ジャコモ氏の紹介文ラベル③リモンタ社製ナイロンの証明タグ④イタリアントリコロールのオロビアンコリボンなどである。

では、ファスナーから見てみよう。ファスナーの種類は製造方法で3種類ある。

オロビアンコ社ではビスロンファスナーを使用している。これはメタルファスナーよりも軽く、樹脂ファスナーよりも強度がある。原料は同じ樹脂だが、噛み合う部分を射出成型する。金属色が上手く再現されたカラーになっている。

ファスナーの引手は贅沢だ。通常、国産では引手の両面にロゴを入れることはない。コストの問題だ。短いファスナーに引手ダブル付けは本来必要ないが、ベストな機能性を考えればダブル付けは具合が良い。消費者目線からの発想である。大振りの引手を付けることで高級感も演出されている。

D管も既製品よりも直径が太く作られている。洗練された男らしい印象を効果的に打ち出している。

飾りベルトのコバ処理は解説したが、気づきにくい箇所にも通常とは違うデザインが見られる。ベルトの穴の数だ。通常は5か所である。しかし、あえてベルトの長さとマグネット部分の長さを合せ、通常よりも長く作ることでベルトの穴を増やし、装飾性を付加している。使用されているマグネットには雌雄両面にロゴとメイド・イン・イタリーの刻印がある。贅沢なつくりだ。気づかないところにまでコストをかけている。本物たる所以と言えよう。

綿テープにはさすがにロゴは入ってないが、使用されている丸管（C管）にはイタリア製の刻印が刻まれている。綿テープの先端には少し大振りのスナップフックがシッカリと固定されている。フックにはブランド名が刻まれ、通常より太く作られており、内部のバネも厚く耐性に優れる。

正面ハイライトのシルバーネームプレートは、ダイキャスト鋳造法で作成されていて、ロゴの細かい所まで見事に表現されている。装飾クロームメッキを施し、重厚な金属質感と精微さを強調している。クロームメッキは空気中で酸化されやすく、変色防止処理が必要だ。それでも変色しやすいので時々、柔らかい布で軽く磨く必要がある。

ロゴプレートの取り付けは、日本なら2本足を付けて裏側の台座で固定する。しかし、オロビアンコの場合、73頁写真を見ると、4つのカシメで止め、かつ誰も見ない場所にメイド・イン・

ロゴプレートを４カ所で固定

イタリーと刻印してある。知っているのはこのプレートを付けた人だけではないか。そう思いたくなるほどの職人魂だ。ここまでやるか、と思わず唸ってしまう。

裏側をみると、D管を固定するマル金具にもメイド・イン・イタリーと打ち込まれ、中ほどには小さくオロビアンコのイタリアントリコロールが縫い込まれている。フルにロゴが読み取れるように上手く縫製されている。

次にバッグを裏返し、内側を見てみよう。裏地はすべて、オロビアンコのロゴを織り込んだジャガード織りだ。裏地の上にメタルプレート。イタリア語で「プレステージある生地と革」と表示され、英語でメイド・イン・イタリーと刻まれている。この金具も4か所止めで固定されている。まったく妥協はない。

紹介ラベルには、デザイナー・画家としてのジャコモ・ヴァ

検品後に一品づつ付けられる付属品

レンティーニ氏の略歴が記されている。

写真・内側②（69頁）の小さな縫込みは、超一流の世界的素材メーカー、リモンタ社の特注ナイロンの証しだ。創業時から続くイタリアン・トリコロール・リボンは、使用素材を何度も進化させてきた。

このほか、品質検査の番号入りカード、商品名・品番・生産番号等の製品情報のコード札、オロビアンコ社の製品を示すプラスチック製の３Dロゴ、ジャコモ氏のプロフィールロゴの長札など小ぶりのボディバックに製品以外の附属品が贅沢に使用されている。

まさに付属品にもオロビアンコ社のプライドが込められているのだ。

製品完成率80％対120％

これまでオロビアンコのベストセラー商品、ボディバッグを解体し、その優れた特徴とこだわりを解説してきた。第2章の最後に、オロビアンコを生んだイタリアの物づくりの文化的・社会的土壌に少し触れてみたい。

インポート商品を取り扱っているバイヤーの人々はみんな、「イタリア製品には味がある」とよく指摘する。しかしまた、ライセンス商品として日本国内で製作すると、その「味」がどうしても出にくいともいう。なぜなのか。歴史的な背景と国民性の違いではないかと常々筆者は思っている。イタリアと日本は似た所も多いが、やはり違うのだ。

日本人の場合、やはり感じるのは農耕民族の真面目さだ。正しくキッチリと決められた通りに物を作ることを良しとする国民性である。例えば、品質管理の基準は確かに世界一厳しいと思う。しかし、ファッション製品の場合、適正と言える基準はどの程度なのか、とも感じている。

例えば、芯地を入れるか入れないのかの問題も、その1つだ。バイヤーの「味がない」との指摘は、余りにもキッチリとし過ぎた生真面目な完成度のことを意味している。これはこれで、素晴らしい。だが、消費者に近いバイヤーの視点から見ると、芯地はなくても良いのだ。これを逆に、作る側の視点から見ると、手抜きと考えてしまう。

だから一度、今までの「こうあらねば、バッグでない」という作る側の常識を疑ってみる必要がある。

バッグは日常に使用するものだから、強度や耐久性は確かに求められる。イタリア製も含め、海外製品の品質管理の甘さも指摘される。

オロビアンコのバッグの場合、日本から見ると確かに無駄なコストがかかっている。例えば、引手の両面刻印や裏側までの刻印などだ。しかし、これも見方を変えれば十分に意味があるのではないか。

お客が気にしない部分にもコストをかけているが、作り手側の遊び心が付加されていると考えれば、それが「味」を醸し出しているとも思える。

日本とイタリアでは物づくりへの姿勢やフィロソフィーには明らかに違いがある。イタリアの物づくりは、言わば肩の力が抜けた「80％程度の物づくり」と表現できる。もちろん残りの20％が悪いほうに向かうと、納期遅れや不良商品につながることもあり得る。しかし、バイヤーが「味」と呼んでいる不明確な感覚的な仕上がり具合は、サボったわけではなく力の抜け具合と見るべきなのだ。

一方、日本人は１００％に向け、１２０％の完全主義的物づくりを目指してしまう。頑張り過ぎるのだ。だから遊びのない、杓子定規的な製品になり、使用するユーザーには付加価値感を与えない。

どちらが善いとか悪いとかではない。江戸時代の作品を観察すると、元々日本人には数多くの遊び心があったのだ。イタリアの肩の力が抜けた物づくりには、日本側が忘れてしまった何かがあると思えて仕方がない。

第3章
ジャコモ・マリオ・ヴァレンティーニ

独立までの特異な経歴

オロビアンコの創業者であり、オーナー経営者でもあるジャコモ・マリオ・ヴァレンティーニは、またデザイナーでもあり、伝統技術継承の啓蒙家でもある。

ジャコモ氏は「私はイタリアで生まれた日本人だ」と冗談半分で自己紹介する。自社工場の改善目標は、トヨタ自動車だとも強調する。そんな彼は、どのような人生を過ごしてきたのか。興味のあるところだ。

志を抱いた理由、幾多の苦しい時期を乗り越えられた理由、そして成功のきっかけなど知りたいことは山ほどある。彼が辿ってきた人生から何が教訓として得られるのか。読者の立場、年齢や価値観などにより、教訓の捉え方はさまざまだとは思う。しかし、学び取る普遍的教訓もあるのではないだろうか。

イタリア北西部、ロンバルディア州バレーゼ県ガッララーテ市。11世紀に起源をもつイタリアらしい古都だ。現在はミラノ大都市圏の一部であり、イタリア綿織物の生産地でもある。ここには、ミッソーニの本社と創業家の自宅も存在する。県庁所在地のバレーゼからガッララーテ市一帯は、かつては高級バッグ生産の一大手工業地帯でもあった。

1955年7月17日の日曜日、ジャコモ・マリオ・ヴァレンティーニはこの地で生を受けた。健在の母ジュゼッピーナと工場経営者の父マリオとの間に生まれた6人兄弟の長男である。

1955年のイタリアは、5月にトリノ国際博覧会が開催され、フィアット社が大衆車の生産を始めるなど、高度経済成長期を迎えていた時代だ。工業化は農村から都市（南部から北部へ）への人口移動を促進させた。

現代のイタリアは伝統的で自立的な「都市国家」群が統合されて成立した国家だ。その歴史的条件もあり、大量生産や大企業化を好まない職人気質が育成されてきた。都市やコムーネ（日本の市・町・村）を土台にして発展してきた歴史的特徴が今でも根強く生き続けている。

ヴァレンティーニ家も父が戦後創業した電機機械のバレンティーニ社を家族経営してきた。週末には母も工場を手伝う環境にあったという。だからジャコモ氏は、幼い頃から物づくりを観察できる環境の中で育ったのである。

１９７０年、15歳の彼は父の友人からの勧めもあり、アメリカのコロラド州デンバーのレージス大学の英語コースに留学する。

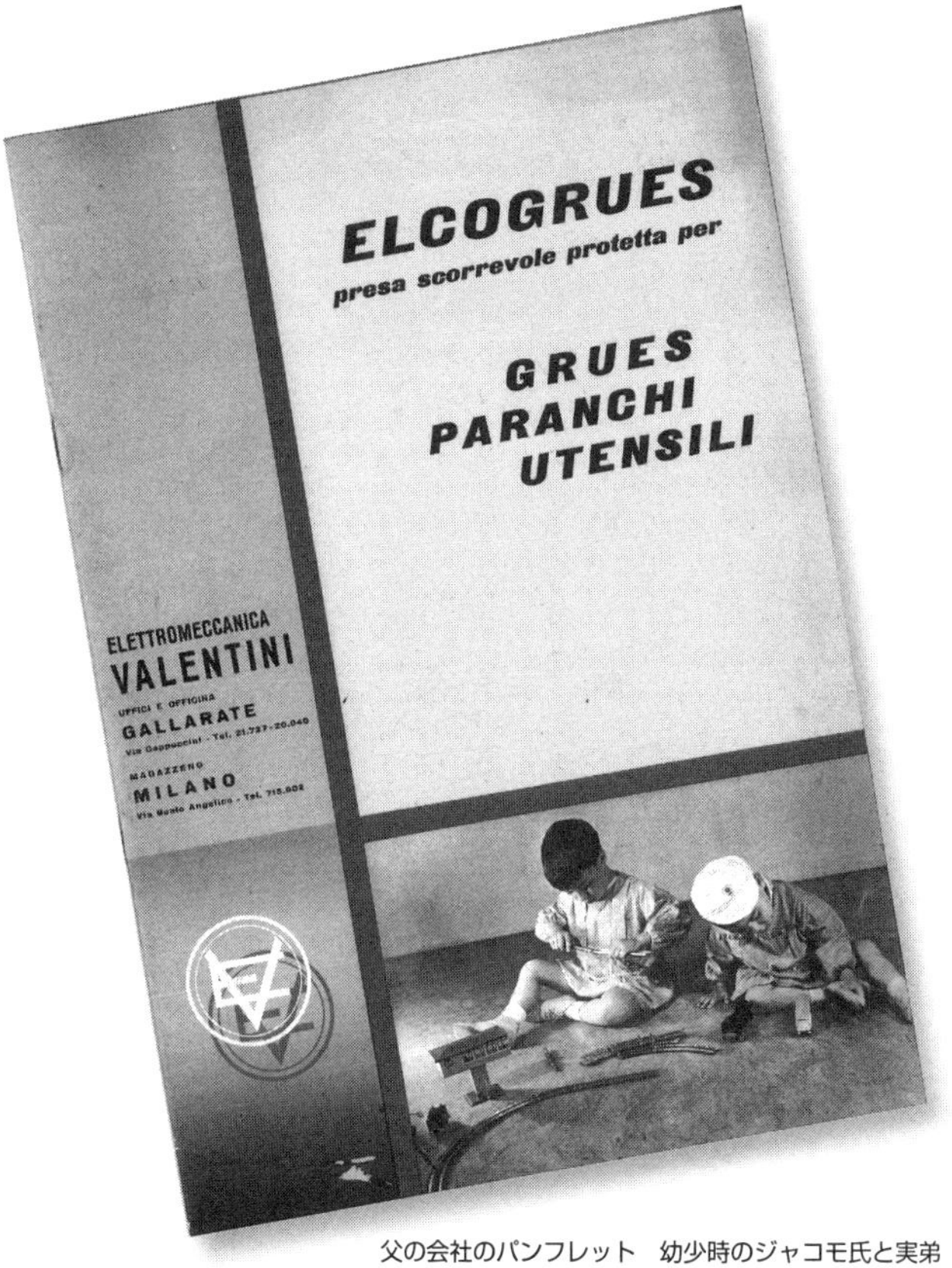

父の会社のパンフレット　幼少時のジャコモ氏と実弟

1973年には縁があり、東京の上智大学に短期留学、柔道修行のため講道館にも通う。

これがジャコモ氏と日本の最初の出逢いであった。1976年、ヴァレンティーニ家に流れる起業家の血が目覚め、ジャコモ氏はオーストラリアに渡り、イタリア製家具の販売会社を設立。彼はポリウレタンソファーをデザインし、主要な商品として育てていった。椅子のデザイナーとして今もデザイン活動は続けられている（巻頭写真参照）。その後、この会社を売却、幾つかのイタリア企業のコンサルタントとして何度も中国を訪れている。

1980年にはイタリアに戻り、家業のマーケティングマネージャーに就任する。

●1991年、家業が倒産

10代のジャコモ氏

奈良公園のジャコモ氏

すでに家業は電気機械業から貿易業に転業していた。カナダ、アメリカ、南米（コロンビア・ベネズエラ）、アフリカ（南アフリカ、ナイジェリア）、中東、中国、ソビエト連邦などを相手に手広く輸出入業務を展開していた。中東のクェートでは1年間、石油とガスのプラント事業も経験する。家業の貿易業は順調に発展し、洗練された家具で有名な「Saporiti Italia」、イタリアを代表するサイクリングウエアの「Castelli」、自動車のフィアットやアルファ・ロメオなどの異なるカテゴリィーを幅広く扱っていく。しかし、順調に見えた貿易業であったが、1991年のソビエト連邦の崩壊により、多額の未回収が発生、家業は倒産、すべてを失う現実を味わう。これが引き金となって父が病に倒れる悲劇が続く。

ジャコモ氏は国際的なビジネス経験を活かし、ケミカルビジ

チベットでのジャコモ氏

ネスのコンサルタントに就くが、銀行はイタリア国内の製造業には投資しない。また主たる大手のバッグブランドもコスト削減を求めて海外に生産基地を移転、地場産業の皮革業は衰退して行く一方であった。昔からなじんでいた職人たちは仕事を失っていった。この矛盾を目の当たりにし、ジャコモ氏の心は重くなって行く。

40歳になった1995年、ジャコモ氏は人生のターニングポイントを迎える。自分のブランドを立ち上げ、高級バッグ製品を自らの手で生み出す決意を固めたのだ。

コンサルタント時代の仕事でチベットに出向いたとき、ジャコモ氏は貴重な動物の素材カシミヤに出逢い、感激する。この素材は「貴重なるもの」=オロビアンコと呼ばれていた。

直感的にヒラメキ、それがブランド名となったのだ。

同年、高名なイタリア技術者協会（CNA）のメンバーとなり、また現在も継続中の国際的ファッションイベント「リッチョーネ・モーダ・イタリア」開催委員会のメンバーにもなる。マーケットを知るジャコモ氏は、自身のノウハウをすべて込め、活動に励んだ。

1996年、ついにジャコモ氏はオロビアンコ・メゾンを、思い出がたくさん詰まった故郷ガッララーテに従業員1名で創業する。クレド（社是）は「美しい聡明なイタリア製のファッション製品の創造」。その象徴として製品のすべてにイタリア国旗のトリコロールテープが添えられた。オロビアンコ社の歴史を刻む一歩が踏み出されたのである。

1998年には、技術に抜きんでた業績を上げたカトリック教徒にのみ授与されるイタリア勲位コンメンダをローマ法王から授与される。法王ヨハネ・パウロ2世にも謁見した。イギリスのナイトと同じ称号である。

ジャコモ氏はさまざまなキャリアを積み上げながら、なぜライフワークとしてバッグを選んだのか。

衰退化しつつあるとは言え、まだイタリアには素晴らしい職人たちが存在していた。これが最大の理由だ。ジャコモ氏の職人への深いリスペクトがオロビアンコ社を創業させたのである。

オロビアンコと日本市場

当初、ジャコモ氏はトップマーケットとトップピープルを対象にした営業戦略を選択した。

超高級リゾート地のポルトチェルボ・モンテカルロやリバティ・ロンドン、バーニーズ・ニューヨークなどが対象であった。メールのない時代だ。アポイントメントを取るためにバイヤーにファックスを１００枚連続で送り続けたりもした。「もうやめてくれ」と連絡があるように仕向けたのである。一方、製造面での小さな改善も日々続けていた。しかし、ビジネスをどのようにして継続して行くのか。明確な回答はなかなか見つからなかった。創業者が誰でも経験する苦労だ。

何かが足らない、とジャコモ氏は年々感じるようになって行く。トップマーケットの市場規模は想像以上に小さいのではないか。ジャコモ氏はそう思うようになっていった。

営業戦略の切り替えは早かった。市場規模の大きいデラックスマーケットにターゲットを変更することを決心する。そのためジャコモ氏は、自身の目によるマーケット調査に3年を費やす。この時間はまた、デザインの意図を職人たちが理解し、お互いの知恵と技術を融合させる製品を生み出すのに十分な時間でもあった。資金の不足を知恵で乗り越えた時期である。

一方、1997年頃の日本市場は金融危機の真っ只中にあり、ファッション業界も苦境のなかにあった。しかし、オロビアンコ社にしてみると、日本は幸運の市場であった。日本のメンズバッグ市場での吉田カバン製高密度ナイロンバッグのシェアは高かったが、それほどファッション化していなかったからだ。また、高価格の輸入ブランドはステイタスではあったが、ファッション的な選択肢の幅は狭かった。

ジャコモ氏の目から見た日本のメンズバッグ市場の特徴は、ビジネスマンはほぼ全員、バッグを持っていることであった。イタリアでは見られない特徴だ。

マーケットレベルは世界でもっともポテンシャルが高い。それがジャコモ氏の日本市場に対する評価であった。

だから当然、バイヤーのレベルも洗練されていた。しかし弱点は、流通経路が非常に複雑で適正価格の形成が遅れていることだった。これは逆に、新規参入の後発メーカーでも成功できる可能性が高いことを示している。日本は、オロビアンコ社が挑戦するのにふさわしい市場との判断が下ったのである。

●6本のオーダーをきっかけに

ジャコモ氏は「今でも記憶に鮮明に残っている」と、次のように語ってくれた。イタリアでの小さな展示会に来場し、同社の製品を初めて日本に輸入してくれた人がいる。それは当時、ホテルニューオータニ内のショップなどに卸していた企業のバイヤー、T氏だ。

初めてのオーダーは6本であった。これをきっかけにジャコモ氏のマーケッターとしての本領が発揮されて行く。

ジャコモ氏が他社との差別化を明確にするために留意したのは、潜在的なマーケットに働きかける方法だ。それはブランド力ではない。商品バリューと価格が正比例すること、それを大原則とした。ヨーロッパの場合、若いビジネスマンは車の通勤が多い。だからバッグは皮革製が普通であった。日本の場合は、電車通勤が普通だから軽くて機能性が求められている。とするなら軽いナイロン素材でカラーバリエーションも豊富ならば必ず支持されるはずと踏んだのだ。今までになかったカラーコンビのバッグも提案できるのではないか。

ビジネスバッグ

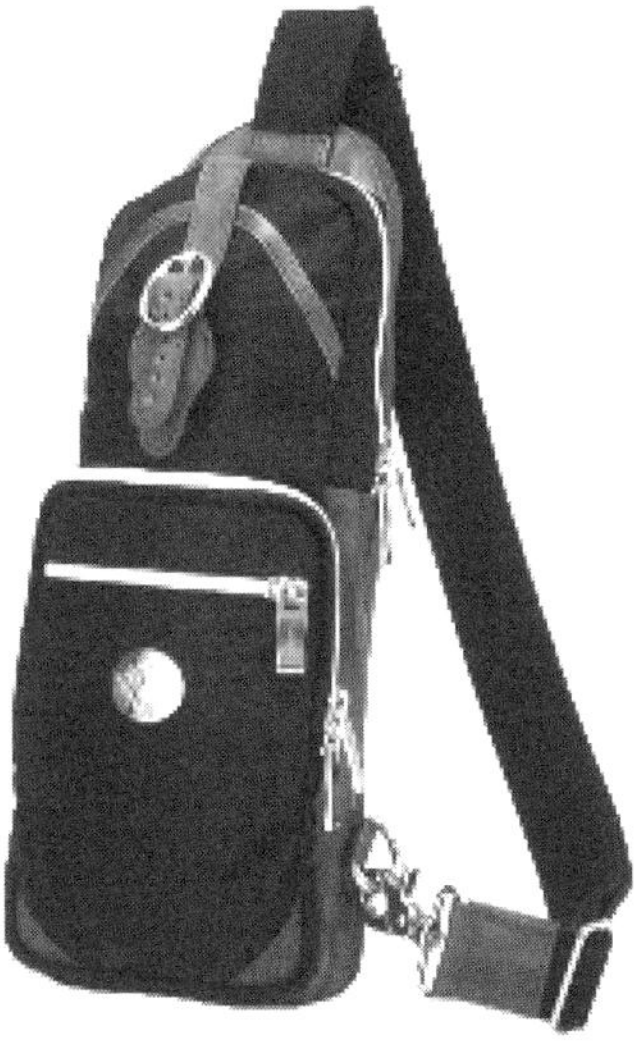

ボディバッグ

飾りベルト付きトートバッグ

ショルダーバッグ

カラーだけでなく、シェイプも性別を意識しないユニセックスコンセプトは支持されるし、セグメントもノーターゲットでいけると判断した。

ステレオタイプから解放されたバッグだ。この発想は、従来の学術的なマーケット理論を学んだものからすれば常識破りであった。「何と無責任な商品コンセプトなのか」と異論が出る発想でもあった。

しかし市場は、そうではなかった。この発想を支持したのである。まず百貨店のなかで、新しいマーケット開発に積極的な伊勢丹のバイヤーが興味を示し、発注してくれた。

いつの時代も需要の最終決定者は消費者だ。有名バイヤーでも有名編集者でもない。思い込みの間違いを再認識させられる事実が、その後も続く。インポートバッグとしては常識破りの流通の最短化による適正販売価格の設定だ。

伊勢丹と言えども、すべてのインポート商品が海外から直接輸入され、店頭に並ぶわけではない。パリやミラノで発注しても納品と売り場管理はジャパン社や代理店が仕切る。日本では普通だ。価格決定権も当然、売り場にあるわけではない。

しかしオロビアンコ社との取引では当時、伊勢丹が直輸入ルートで仕入れ、小売価格の決定権も握っていた。当然、同じレベルの商品群よりも安く販売価格が設定されることになる。

他ブランドの場合は、同じ価格でイタリアから輸出されても、商社や卸会社の中間マージンが付加される。通常、百貨店取引の場合、消化仕入だから、在庫リスクまで価格に反映される。必然的に小売価格は高くなる。

オロビアンコ社と小売店との直接取引業務は、ビジネスが大きく拡大した現在も継続している。オロビアンコ社の場合、日本国内に代理店もジャパン社もないのだ。

同社では最少ロットの別注対応が可能との話はすでにした。日本全国のセレクトショップにとって、これほど各店独自のカラーや思いが打ち出しやすい海外ブランドはない。

百貨店はもちろん、大手セレクトショップの店頭に同社の商品が並ぶのに時間はかからなかった。バリエーションが豊富で、価格と品質のバランスが抜群となれば、メディアも注目する。ファッション雑誌での露出も飛躍的に増大していく。ありがちな上から目線のインポートバッグブランドと違い、一緒に商品開発が可能なイタリアンブランドだ。この姿勢は日本の真剣なバイヤーたちの意欲を引き出していった。

不可能を可能にする行動力

経営者と違う分野の活動にジャコモ氏自身によるプロデュース活動がある。ジャコモ氏は自身をインダストリアル・ドクターと呼んでいる。

１５０名の中小企業に過ぎない本社の工場には、日本政府関係者も含めた海外からの視察者が絶えない。職人の熟練技術とＩＴ技術を融合させて若者の雇用を生みながら、８年間も価格を据え置き、利益も売り上げも成長し続ける実績に注目が集まっているからだ。

いま日本では、「オロビアンコ・フォー・ジャパン」と呼ばれるプロジェクトも稼働している。元林（本社大阪）が窓口となり、日本の高い技術力をもつ老舗企業と協業しながらカテゴリーを拡大しているのだ。

ジャコモ氏は２００７年、イタリア技術者協会（ＣＮＡ）副会長の職にあった。機会があり福井県鯖江市を訪れている。ご存じの通り、鯖江市の眼鏡出荷額はイタリア、中国と並ぶ。世界３大生産地の１つだ。

ジャコモ氏は鯖江を視察した際、日本の職人たちの技術力に衝撃を受けたという。そして日本の素晴らしい技術とジャコモ氏のアイデアを協業できないかと考えた。

イタリアと同様に、日本の中小企業の職人たちがもつ卓越した技術を生かし、日本人特有の緻密さを新しい市場の開発に結び付けたいと強く望んだのだ。多忙ななか、日本の製造現場へジャコモ氏は足を運んだ。

●企画段階からジャコモ氏が参加

ご存知のように、歴史があり、優秀な職人がいる日本の製造業者との協業は、ライセンスビジネスの形態を取るのが一般的だ。ライセンス先に企画のヒントを提供し、ブランドの使用権を認めながら、最終商品だけにアプルーバルを出す。売り上げに対するパーセンテージを受け取るビジネスだ。

この一般的形態に対し、ジャコモ氏の方法は根本から違う。条件に適う企業があれば、まず企画段階から自身が参加する。製造過程にも参画し、職人と討議しながら物づくりを進める、まさに正真正銘の協業だ。

オロビアンコ社が最初に取り組んだ別アイテムの協業先は、香川県に本社を置くゴルフ用品のグローバル企業、キャスコである。同社は海外輸出を得意とし、職人気質の技術力と素材開発にこだわっている。ジャコモ氏はそれに高いファッション性や洗練されたデザインを融合させた。

２００９年、オロビアンコ・スポーツがスタートした。キャスコは、「ファッションとはライフスタイルそのものだ。１００年経っても変わらぬ良さをもつものにしたい」というジャコモ氏のコンセプトに共鳴、ゴルフ用品を中心に協業を展開している。興味深いのは、輪島塗のパターまで制作したことだ。これは世界で3本しか存在しない逸品だ。

このコンセプトに基づきオロビアンコ・フォー・ジャパン・プロジェクトは、意外な老舗と協業しながらその世界を拡げている。

すでに発売されているアイテムだが、洗練されたステーショナリーや、イタリアンエスプリに溢れたメンズベルト、都会的なハンカチーフ、素の自分に使いたいタオル、限定されたショップでしか手に入らない眼鏡、日本本来の技術が込められた高級傘、大人の男のたしなみには外せない喫煙具にメンズアクセサリーなどだ。

最高に傑作なのはランドセルである。クールジャパンの象徴の１つであり、「クレヨン・しんちゃん」、「ドラえもん」や「サザエさん」などの通学シーンには必ず登場している。ランドセルは、もちろん日本独特のアイテムだ。ジャコモ氏は年々縮小することの市場にアイデアを吹き込んだ。ランドセルの製造には独特の職人技が必要である。

ジャコモ氏のアイデアで２０１２年にスタートしたランドセルは、２０１４年には三越伊勢丹モデルまで製作されるようになった。

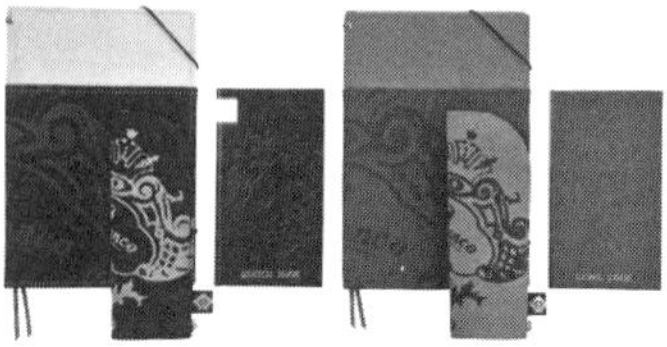

ステーショナリー

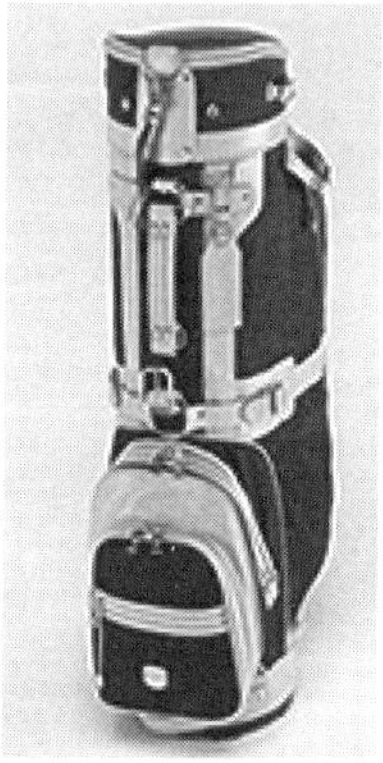

ゴルフバッグ

カフス＆タイピン

筆記具

革小物類

革巻オイルライター

時計「タイムオラ」

シューズ

ヘアーケアー商品

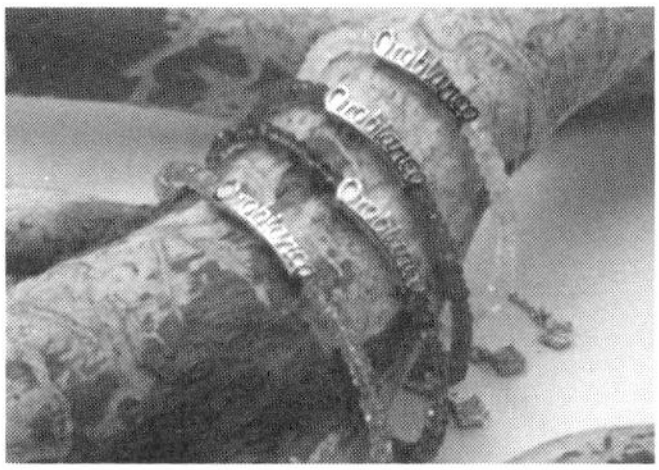

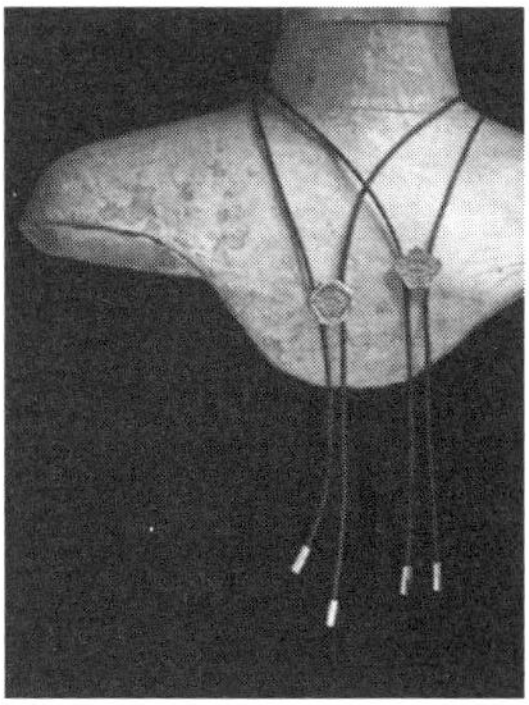

ジュエリー

LUSSOBLANCO 原宿店

Desertika 代官山店

初年度の売り上げから好調に推移している。海外の富裕層の購入が非常に多いと聞く。急遽、取り扱いは国内の空港内販売店や上海伊勢丹店にまで広げられた。

続く挑戦の課題と可能性

ジャコモ氏の挑戦は、とどまるところを知らない。最初に紹介するのはオロビアンコ社の別会社で運営されているブランド展開だ。

それは2007年のピッティ・ウオモで発表された「テクノモンスター」である。ラグジュアリーなホイール付きラゲージケースの新ラインだ。本体素材は防弾チョッキにも使用されているケプラー繊維のカーボンファイバー。消耗頻度の高いキャスターには警察庁でも導入されているイタリアのヘリコプターの技術が生かされている。

驚異的な対衝撃性とイタリアンデザインが融合し、世界最高の素材と技術で製作されたラゲージだ。国内の販売中心価格帯は39万から65万円。ラグジュアリーラゲージの「リモワ」と比較しても3倍以上の価格帯で販売されている。

この展開でジャコモ氏が目指すポジションは、現在のオロビアンコ社とは明確に違う。販売先もロンドンのハロッズをはじめ、世界の富裕層がターゲットのラインだ。

このブランドは、中東では百貨店外商のように顧客の自宅でプレゼンテーション販売されている。中東の富裕層にとっては普通の購入方法だ。商材が違えば、ターゲットも販売方法も違う。

デザルティカイメージ広告写真

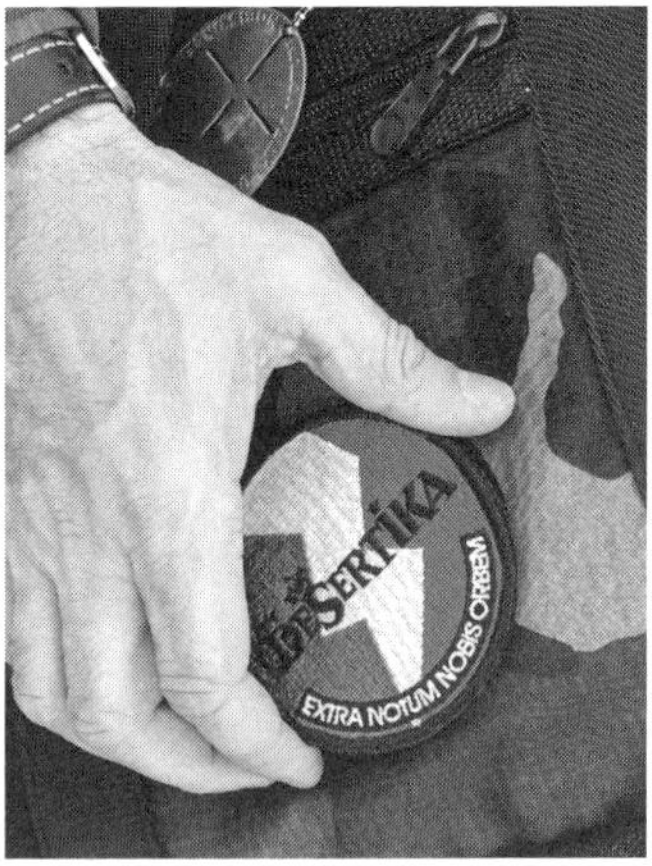

デザルティカ

となれば、別会社というのがジャコモ氏の考え方だ。

さらに過酷な砂漠や南極でのロング・トレイル・レース仕様から製品化されたのが「デザルティカ（砂漠よりの意）」である。２０１２年６月、同じくピッティ・ウオモで華々しく発表された。イタリアの自転車競技のロンバルディアとマラソンの第一人者であるラッファエレ・ブラットリィー氏の協力を得て、実際のロング・トレイル・レースで使用し改良を重ねた製品。タフで機能性に溢れたバッグシリーズだ。

●「食」と「ファッション」の融合

異なるジャンルでの挑戦として「食」と「ファッション」の融合がある。２０１１年、シュークリームで有名な洋菓子の「ヒロタ」との協業でブラック・シュー・アイスが生まれた。カプチ

オロビアンコ・スプマンテリア

カフェ オロビアンコ

リストランテ・オロビアンコ

オステリア・オロビアンコ

ーノやエスプレッソをベースに、従来にないビジュアルとティストを提案した。

また２０１３年3月、ジャコモ氏が内装までプロデュースした物販とカフェの「カフェ・オロビアンコ」が渋谷・ファイヤー通りにオープンした。１階フロアはバッグと雑貨、２階はイタリアンカフェ、３階はアパレルで構成されている。4月には大阪の北新地にカジュアルなイタリアンの「オステリア・オロビアンコ」を、さらに表参道ＧＹＲＥに「オロビアンコ・スプマンテリア」を続けてオープンした。それぞれのレストランが違った世界観でプロデュースされているのが特徴だ。

好調なレストランの事業を踏まえ、14年7月には大阪・淀屋橋駅から1分の立地に、迎賓館を思わせる品格を備えたイタリアンレストラン、「リストランテ・オロビアンコ」も開業した。

ここでは、オロビアンコブランドのスプマンテやワインも輸入提供されている。このように、オロビアンコ・フォー・ジャパン・プロジェクトの協業は続いており、これからもさらなる広がりが期待されている。

オロビアンコ・フォー・ジャパン以外でも、筆者もスタートの準備段階から参加したのがオロビアンコの時計ビジネス、「タイムオラ」である。２０１２年には時計専門誌が選ぶ年間のベストウオッチのトップ10の2位と8位に選ばれた。スタートダッシュの速さが他ブランドを大きく引き離したのだ。

この時点でタイムオラの取引先は２１０口座を数え、すでに大きな成功を収めていたのである。

さらに「衣」、「食」に続き、本当の豊かなライフスタイルには欠かせない「住」も手がけている。大阪・守口市の「マイクロ・

テクノ・ハウス」だ。

本業の奇跡的成長はもちろんだが、それ以外の分野でもジャコモ氏の途切れないアイデアの具体化が進んでいる。

ジャコモ氏は15年に60歳を迎える。日本では還暦だが、老いをまったく感じさせない活躍ぶりだ。

オロビアンコ社の売上高は50億を超えた。今後、さらに販売先も広がっていく。またオロビアンコ・フォー・ジャパンを中心にした協業活動をはじめ、アーティストとしての活動も多岐にわたってきている。

●課題は情報の共有化

これらの到達点を踏まえたオロビアンコ社の課題はなんなのか。少なくとも2つある。

第1は驚異的な成長を遂げた本社組織の後継体制づくりだ。経営陣にはCEOのジャコモ氏を筆頭に、弟のジョバンニ氏、IT戦略のトップ、バーバラ氏、日本語も堪能なカルロ・カペッリ氏などがいる。

各セクションのトップマネージャーに権限も委譲されつつある。商品開発、デザイン分野にはリサーチセンターがある。販促物作成のためのカメラマンも含め、PRやオロビアンコテレビ等の画像や動画もすべて社内で完結できる。

本社、生産設備、検品出荷センターもすべて、ガッララーテ市内に存在する。だから運営コスト、設備投資とも過剰投資にはならず、この面の競争力も強化されている。

筆者が訪問した際、疑問が残ったのはマーケティングと海外コミュニケーションの後継体制だ。これまでオロビアンコ社のビジネス返信は早くて信頼が高い。ただ、本社取材後に過去の日本でのプレス資料を依頼したが、残念ながら十分な資料の提供がなかった。海外でのプレス活動の把握には改善の余地が残っている。今後、グローバル化がさらに進展してゆくなかで、重要なテーマは情報共有であり、早急な改善が期待される。また本国で制作されるレベルの高い画像も、その活用方法を広げていくことが望まれる。

●関係各社へのブランド・ビジョンの浸透を

もう１つは、日本国内でのイメージ戦略を含め、ブランド・ビジョンの関係各社への浸透の強化だ。

まだ明確なブランド・ビジョンが見えにくいのだ。ブランド・ビジョンはポジショニングやＰＲにおけるコアイメージの一貫性を明確にする。

新しいブランドがブームになりやすいのが日本市場の特徴だ。日本では、ちょっとした話題で、すぐに注目ブランドとなり、急成長をとげるブランドは少なくない。しかし、ファッション産業のリスクは、急成長も早いが、衰退も早いことだ。急激に売上げが伸びる分、組織や人材育成が伴わないのだ。経営陣の思い上がりが生む勘違いも時には衰退の原因となる。当然、売上げ規模で組織の運営はまったく違ってくる。急な成長と共に組織が成長するのが理想である。過去に、幾つもの急成長ブランドが消えていった。業界では周知の事実だ。筆者自身も、過去に辛い撤退業務を経験したことがある。

協業により、日本にはオロビアンコのブランドを冠したアイテムが幅広く存在する。確かに商品ごとに販売チャンネルは異なるものの、オロビアンコブランドの売り場は拡大する一方だ。特にメイン商品のバッグは、ファッション業界のあらゆる業態で販売されている。

オロビアンコ社の場合、日本国内での販売やＰＲは各販売先及び協業先に一任されている。確かにビジネスの成長は早いが、デメリットやリスクも当然出てくる。

ファッションブランドは、イメージが付加価値のコアだ。

例えば、成功例のタイムオラの場合はどうか。すぐれた製品を前提に、展開する売り場からＰＲのイメージ戦略やパッケージまで、ブランドの付加価値を相乗的に大きく高めている成功例だ。すべての分野で明確なブランド・ビジョンを伝える努力をしているからだ。

では、他のアイテムはどうか。すべてのアイテムの、イメージ戦略が統一されているとは残念ながら言い難い。売り場が拡大する成長期こそ、イメージ戦略を含めた明確なブランド・ビジョンが非常に重要だ。売り上げ規模に見合った、ＰＲやイメージ戦略の統一化は喫緊の課題である。協業企業も含め、取扱い業者すべてに向けた明確なブランド・ビジョンを提示し、理解、共有することが今求められている。次のステップに進むために、避けては通れない重要な課題である。

米国屈指のコンサルタント会社、トラウト&パートナー社の代表を務めるマーケティングの第一人者ジャック・トラウトは、その著書で「差別化の時代は終焉した」と宣言した。これからは「破壊的仮説」が差別化に代わる概念だと結論づけた。まさに時代が、ジャコモ・ヴァレンティーニ氏に追いついてきた。だからこそ、課題の早急なソリューションが必要なのである。

第4章
成功の秘密 JUDOマーケティング

唯一無二のＪＵＤＯマーケティング

オロビアンコ社の創業15周年を記念して発行された刊行物によると２０００年の出荷点数は５０００本、２０１１年には、それが24万点に増加したと記録されている。

「ダンレポート」によれば、２０１０年の売上高は22億円。それ以後、毎年10億円増の成長を続けていることが報告されている。このオロビアンコ社の急成長はまさに奇跡とも言える。オロビアンコ社はバッグ製造業なのだ。

ＮＹのバッグブランドを手掛けた筆者の経験によると、いかなる業態であれ、直営店を然るべきロケーションに出店さえすれば、確かに数字は着実に伸びる。つまりファッションビジネスの成長は、直営店舗の出店数に比例する。出店イコール売り上げの拡大である。

しかし製造業は違う。まず、生産能力以上の出荷は不可能だ。毎年10億円を伸ばそうとすれば、対応できる生産能力の向上と、パッキングし出荷できるロジスティック設備がどうしても必要だ。当然これは、マンパワーの向上がともなっての話である。

小売業に比べ製造業には、より厳密な中期計画と準備が必要である。売り上げと生産設備態勢づくり、そのどちらが先かと言えば、製造業は明らかに後者が先だ。

オロビアンコ社は設備投資を先行することで、未来を切り開いた典型的な事例である。

小売業の設備投資はショップオープン時にかかるが、オープン初日から売り上げはついてくる。

製造業では設備が完成したからといって、すぐに売り上げが発生するわけではない。

オロビアンコ社は、利益の半分をいつも、物づくりに投資し続けてきた。もしジャコモ氏の投資ポリシーが急成長によりブレていれば、今の到達点は実現しなかったはずである。ブレない決断が成長を持続させたのである。小さな改善を積み重ねる努力と投資の継続がそれを可能にしたのだ。

これが、これから述べる「ＪＵＤＯマーケティング」の前提条件である。このネーミングをジャコモ氏の手法に名づけたのはシンガポールをベースに活躍しているユナイッテッド・クルーズの池田誠社長だ。

●「精力善用」と「自他共栄」

ジャコモ氏が上智大学に留学し講道館に通っていたことはす

でに述べた。ジャコモ氏は講道館で学んだ創立者・嘉納治五郎の２つの言葉に心酔し、人生の指針を得たという。柔道は、練習も競技も相手がいないと成立しないスポーツだ。礼に始まり礼に終わる。当然相手を慈しむ心が必要である。

その１つが「精力善用」だ。柔道では、相手の動きや体重移動を利用し、自分の持つ力を有効に働かせる。そしてより大きな力を生むことができる。善用とは「最善活用」の略だ。精力をもっとも効率的に使用する意味である。どうすれば、この精神は実現可能なのか。その答えはジャコモ氏のフィロソフィーを見ると理解できる。

職人は最高の物を作ることが使命。そのためにオロビアンコ社は、システム開発や最新機器の導入、人材教育に惜しみない投資をし続けてきた。工場内では、若い従業員が高額なＩＴ機器を操作している。ジャコモ氏によれば、イタリア空軍のパイロットの平均年齢は24歳だそうだ。つまり、日々進歩するＩＴを使いこなすのには柔軟な頭脳の若者が必要なのだ。この若い世代のパワーがあるからこそ、それぞれのバイヤーのニーズに応えられる最高の製品が作れる。そこまでがオロビアンコ社の使命であるとしたのだ。まさに「精力善用」である。

２つ目は「自他共栄」だ。自分だけでなく他人と共に栄えある世の中にしようという意味である。相手を敬い感謝することが相互の信頼を生み、助け合う心が育まれる。人間の歩むべき道を提示している言葉である。日本人には当然のように受け入れられてきた精神だ。これをジャコモ氏は、他人とは「得意先」のことと理解した。つまり互いに繁栄を共有できるシステムこそ「自他共栄」の精神と理解したのだ。

オロビアンコ社は輸出先国への投資を基本的にはしない。販売コストは販売先が担う。実に明確なポリシーだ。

私たちが留意しなければならないのは、無意識に供給サイドの視点で判断してしまうことだ。「自他共栄」をポリシーとするならば、相手の立場の視点で自身の行動を再点検する必要がある。供給側の理由で、相手側に無意識に強制することは少なくない。だからもう一度、視点を変えて捉え直すことが必要だ。ＪＵＤＯマーケティングは極めてシンプルな考え方と言える。

今の時代、拝金主義的な短期発想が横行している。しかし、羨ましさや志への憧れを不断に生んでゆくエモーショナルなモチベーションの活性化こそ、21世紀のビジネスに求められている最重要ファクターなのだ。ジャコモ氏は強調する。「ベースはファミリービジネスだ。人と人のつながりを重視し、価値観を共有する仲間とビジネスをする」と。

バイヤーのニーズを実現したオロビアンコ社の製品は、それぞれのバイヤーの売り場で、最高の力を得ながらお客に届けられる。価格と商品バリューは絶対負けない。機能性もデザインも最高のレベル。メイド・イン・イタリーのプライドをもって作られたオロビアンコ社の製品は、掛け値なしにバイヤーとともに作られた作品なのだ。

「精力善用」と「自他共栄」のコンセプトに基づき、売り手のニーズに100％応えて作られた製品が売れないわけがない。作り手も買い手も、その確信があるのだ。だから売り場は完売するために最大限の努力を注力する。この理想的なスパイラルを「精力善用」「自他共栄」とジャコモ氏は呼んでいる。

売り場にイメージの統一感がない、売り場をセグメントしていないなどの意見も確かに聞こえてくる。しかし、どんな売り場でも、最高の商品を求めるお客がいる限り、オロビアンコはそこに存在し続けねばならない。互いの最善の力を出し切る。実にシンプルかつ明快だ。複雑なセグメントや消費者分類などは必要ない。

ジャコモ氏の発想の源泉

商品開発に向け、一般的に採用される方法は自社商品の販売実績分析、販売現場からの予測情報、競合他社の売り上げ予測と分析の情報、業界専門紙のトレンド情報、業界の売れ筋勉強会、主要取引先の来季のＭＤ情報、海外のトレンド予測企業からの情報購入などである。

確かに来季の需要予測は、企業規模に関係なく大きな研究テーマだ。商品開発に時間と費用をかけるのは必然的である。

しかしジャコモ氏は「デザインとは永遠性を与えることだ」と指摘する。彼は具体的な今シーズンの売れ筋商品の予測は論評しない。トレンドは理解しているが、さして深い興味をもっていないように思える。

筆者が、ジャコモ氏と初めて会議をもったのは、タイムオラの時計ビジネスをスタートさせる準備段階のときであった。私が国内市場におけるオロビアンコバッグブランドのマトリックスを作成したからだ。

時計のマーケティングのための参考資料としてこのマトリックスを持参した。私は媒体や販路の選定の参考にしてもらえたらと考えていた。しかしジャコモ氏の答えは衝撃的であった。

個人的にも時計が大好きなジャコモ氏は、他社の販売戦略や商品企画などにはまったく関心を示さなかった。「自分が望む商品をマーケットに提供するのだ」。この指摘を受け、既存の時計売り場には販売しない戦略でいくと再提案したら、彼はいつもの人なつっこい笑顔になった。

ジャコモ氏の商品開発方法や販売戦略は、通常のマーケット理論では説明できない。

●カキザキマップの意味

ここにゴルフ関連商品で協業したキャスコの元取締役の柿崎公明氏が作成した非常に興味深い図がある。

通常、商品開発デザイナーの役割を細分化すると４つになる。

ユーザー側の視点から機能性をデザインするインタラクティブデザイン、進化するソフト技術を生かしたプロダクトデザイン、ユーザーの視点からのイメージデザイン、技術者サイドからのインダストリアルデザインだ。これらは当然、依って立つ視点の違いもあり、妥協点を見出すのになかなか苦労する。

しかし製造技術やソフトの現状を理解し、使い勝手についても消費者からヒアリングできるデザイナーがいれば、図のようにすべての可能性を併せもったデザインとなる。そのデザイナーがジャコモ氏なのだ。

彼は今のマーケットはもちろん、明日の需要と社会環境も実感できているように見える。このポジショニングは最強である。ジャコモ氏はすべての要求に応えられるように、生産現場に対し日々、「なぜ?」を積み重ね、改善を追求してきた。目標はト

●カキザキマップ

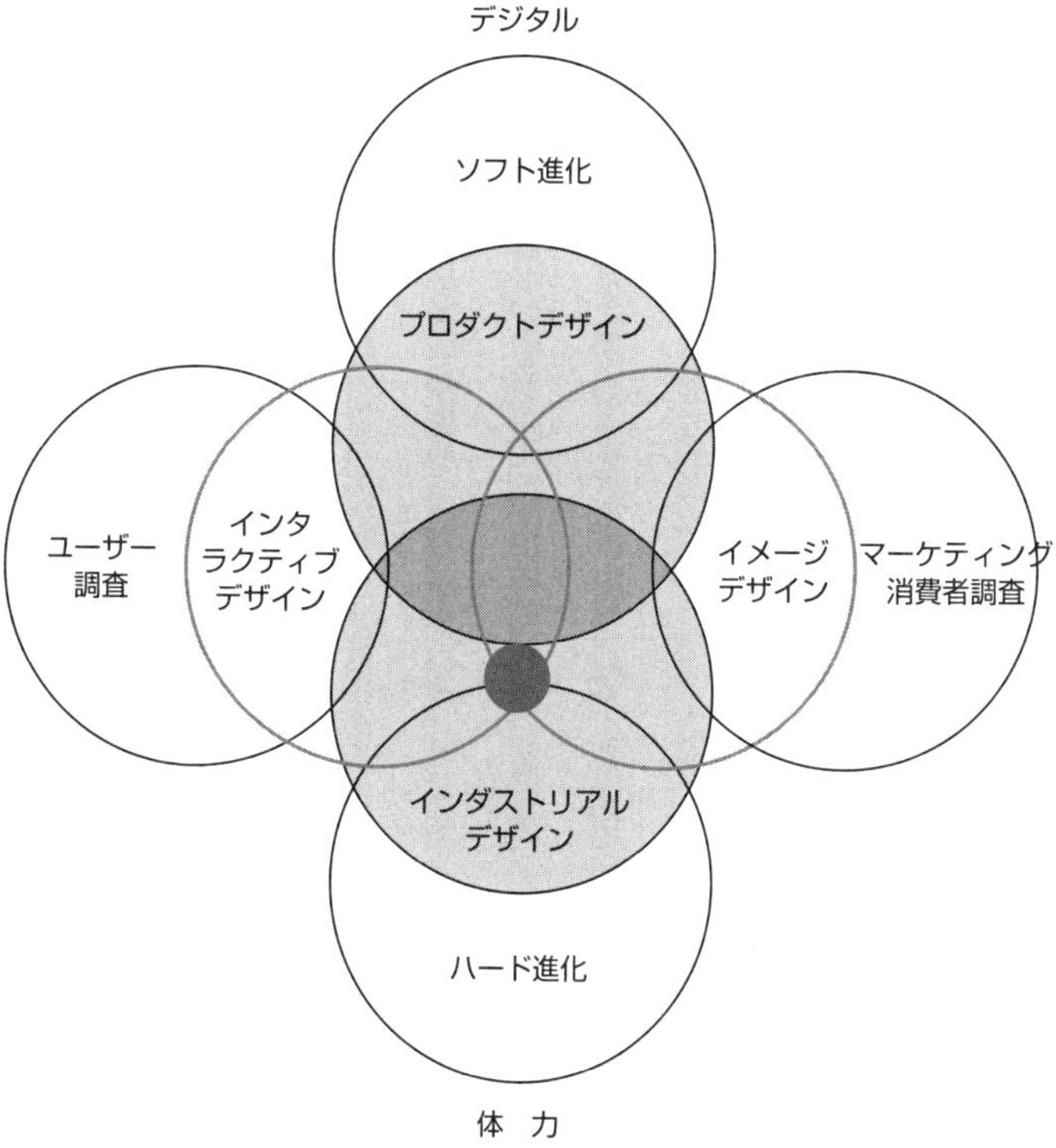
デジタル
ソフト進化
プロダクトデザイン
ユーザー
調査
インタ
ラクティブ
デザイン
イメージ
デザイン
マーケティング
消費者調査
インダストリアル
デザイン
ハード進化
体　力

ヨタだ。この追求は、日々進歩を哲学とする自社工場があるからこそ可能になった。

経験の少ないプロダクトデザイナーは、自身の美意識に基づく製品を最高と思い込みやすい。技術にこだわるインダストリアルデザイナーは、自身の技術レベルにプライドがあるから製品への理解を消費者に求める傾向が強い。ユーザーにもっとも近いインタラクティブデザイナーは消費者に迎合しやすくなる。それぞれには長所と短所があるのだ。

新製品はジャコモ氏が1本の鉛筆で描く紙の上から生まれる。白い紙に、思いを描くのが彼の最上の喜びなのだ。「良いデザイナーの条件は、生産過程を理解していること」とも語った。

次から次と生まれる発想の源泉を問うと、旅先のすべてから、五感にインスパイヤーされると答えた。それに加えて、商品化の際には、多数の顧客がもたらす市場のリアルな情報が付加される。ユニークな発想に現場のリアルなマーケット情報が付加され、製品が誕生するのだ。

イタリアには日本とは明らかに違う学習法と恵まれた環境が存在する。イタリアでは小学生から絵を描くことを通じて授業内容を理解させるそうだ。体育、音楽、時には数学までも、カラフルな絵をゆっくりと描かせるという。抽象概念をビジュアル化して理解させるのだ。また、街も住居も美しく存在する。本物に囲まれて育つ環境があるから、おのずと物を見る目は洗練されていく。言わば、みんながアーティストなのだ。

競合製品のコモディティ化が急激に進む時代だ。従来と同じ発想方法では、製品の差別化はできない。直観から得られるインスピレーションにこそ、差別化の最大の鍵がある。

イタリアの街の風景

ここにジャコモ氏の創作ノートがある。そこには活字は一切書かれていない。すべて画像のみの視覚情報で埋め尽くされている。しかも具体的なバッグの画像は１枚もない。何の脈絡もなく見える画像ばかりがランダムに続いている。今日も世界のどこかでジャコモ氏は創作ノートのページを増やし続けているのだ。

読者特典として、ジャコモ氏の創作ノートの一部を読者限定公開した。興味深い貴重な資料だ。巻末に読者特典ＵＲＬを記載した。

代理店もジャパン社もない

オロビアンコ社の特徴の１つは、最大の輸出先である日本に、ジャパン社も代理店もないことだ。得意先対応は、毎月のように営業責任者が本国から来日しフォローするのみである。

オロビアンコの認知度向上は、従来のブランディングの手法と比べると特殊な成功例と言える。これまでの王道を否定する手法だ。通常は雑誌等のメディアミックスに多大の予算を投入し、プレス会社にブランド認知の仕掛けを依頼する。周知のように、あらゆるメディアがいっせいに新しいラグジュアリィーの商品を紹介する方法が典型だ。

いくら通信手段が発達した現代とは言え、イタリアと日本の距離は９８７０キロメートル、時差にして7時間、やはり遠い。

創業以来、日本にジャパン社も代理店もないのに、なぜ成功できたのか。これが次のテーマである。

まず一般論として代理店あるいはジャパン社のメリットとデ

メリットを考えてみる。

代理店やジャパン社が存在する場合のメリットは何だろうか。

①ブランドイメージを伝えやすい

ジャパン社あるいは代理店は本国に忠実だから本国が求めるイメージをそのまま伝えられる。また日本市場独特の情報も本国は理解しやすい。だから日本向けの販促やＭＤも取り組みやすくなる。並行輸入などによるデメリット、すなわち値引き販売やイメージダウンを阻止できる。

②販売チャンネルや販売先が明確

ブランドターゲットに相応しい顧客層をもつチャンネルに営業活動ができるからブランドイメージを保ちやすい。チャンネルが在庫を持つので、フォローの売り上げもつくれる。

③販促活動が計画的に行える

メディアとタイアップした販促計画が立てやすい。打合せや貸し出しなど、プレス対応が継続的に可能。売り場でのイメージ保持や販促イベントの開催などに対応できる。

④日本市場の情報が正確に把握できる

販売先のコントロールが容易になることから、競合ブランドの動向や売り上げ推移、売れ筋情報の把握、メディアからの情報や同業他社との交流からの現場情報、自社販売員によるお客情報もつかみやすい。

⑤販売先へのサービス向上

百貨店の消化仕入条件や販売員の派遣要請にも対応できることから良い売り場を獲得しやすい。これ以外にも、買取り条件の専門店からの期中追加オーダーに在庫で対応できる。販売先からの不良返品や修理対応に的確に対応できる安心感がある。顧客からのクレーム対応を迅速処理できる。

販売価格のコントロールができることも大きなメリットだ。同じ商品は基本的に全国同一価格で販売される習慣は根強い。これにより、ブランド価値への信頼感が消費者に広がるなどのメリットがある。

一方、デメリットはなんだろうか。

①販売先が限定される。

ジャパン社の場合、商品のセグメントに対応した販売先を開拓する。大手と言えども、いきなり銀座に自前の路面店を出店できる企業は非常に少ない。

百貨店や専門店を中心としようが、量販店を主体としようが、いずれにしても差別化戦略が必要である。セカンドブランドを開発するなどチャンネル別に商品やブランドを分けて供給しなければならない。販売先を限定した流通小売り対策が求められる。例えば、ドンキホーテから伊勢丹メンズまでをチャンネルにしているケースは、ファッション業界には存在しない。

しかし、市場はますます多様化している。限定された対応は、はたして正解なのか、検証する必要がある。

②多くの企業との比較ができない

日頃、我々が知り得る情報は、そのチャンネルだけのものに限定される。しかし本来、市場は想像するよりもはるかに大きな可能性をもっているのではないか。にもかかわらず、違うチャンネルや違う業態の情報は得られない。比べる必要も感じていない。また、他チャンネルと交流することもしない。

同一チャンネル内での比較だけでは正確なマーケット情報が得られない。それが多様化し重複化する現代の市場の特徴のはずだ。

③生活者情報が限られる

現在の市場は、以前のようにチャンネルごとに顧客がすみ分けられている状態ではない。

例えば、アメリカ人は自分のものならウォルマートやアマゾンで購入する。恋人への贈り物ならバーニーズやサックスフィフスで購入したりする。それぞれの条件により購入店舗を使い分けているのが実際だ。バーニーズのお客はすべて、バーニーズで買い物するわけではない。

人は一般的に興味を覚えないものの情報はスルーする。しかし大切な情報は、意外と自分の興味外の現場に存在しているかもしれない。

④得意先から必要外の業務を求められる

本来なら売り場側の作業なのだが、それを要求されることがままある。とくに百貨店など伝統的な業態に数多く見受けられる。

以上、限定チャンネル路線にありがちなデメリットを挙げてみた。

このように見ると、何の疑いも抱いてこなかった代理店システムやジャパン社の設立に疑問が湧いてくるのだ。

●3000店を超える扱い先

では次に、オロビアンコ社のチャンネル戦略を見てみよう。メインのバッグビジネスでは、ＦＯＢ（船積み価格）ベースで毎年数億円以上になる販売先が東京と大阪に５社前後ある。日本への輸出先は、すでに50社にのぼり、得意先企業が卸す売り先を含めると扱い先は３０００店舗を超える。あらゆる業態に広がっているといっても過言ではない。

ファッション市場ではアパレルの落ち込みを雑貨の導入や構成比率のアップでカバーする傾向がますます強くなってきている。

さて、オロビアンコのバッグ売り場を見てみよう。伊勢丹メンズ、阪急メンズなど日本を代表するメンズ売り場はもちろん、有名百貨店、主要な有名セレクトショップ、日本全国のセレクトショップやバッグ店、大型バッグチェーン、若者向け量販ストアチェーン、ブランドディスカウンター、テレビ通販、ネットショップに至るまで幅広く網羅されている。

その広がりに関してジャコモ氏は「オロビアンコを望むお客さまがいるすべての売り場に商品を供給する」と断言している。物づくりを追求しているメーカーであれば、当然の姿勢と言えよう。

この供給スタイルは現状のビジネスモデルへのアンチテーゼとも取れる。そしてこの強い信念が、次に述べる独自のPR戦略、リテール戦略へとつながっていくのである。

PR活動の独自戦略

毎年、「宝島社」からオロビアンコのムック本が発売されている。また、モノ系の雑誌に登場するジャコモ氏のインタビュー記事もよく目にする。さらに14年には、日本でもっとも権威ある

『Mono Max』インタビュー（宝島社）

流通業界紙の1つである日経MJ新聞（2014年7月21日号）の第1面すべてを飾ることもあった。オロビアンコ社のユニークなビジネス形態とともに、ジャコモ氏の多面的な活動が注目されているからだ。

ファッション誌でもオロビアンコ社の新しい商品がいつも紹介されている。14年秋には高級海外メンズ化粧品のキャンペーンの提供商品にもなった。

これだけ多方面に露出すると、誰が考えてもPRエージェントによる仕掛けと考えるはずだ。

しかしオロビアンコ社は他社とはまったく違う方法でPRを展開している。同社のPR戦略には大きな特徴が2つある。

「JUDO・マーケティング」ですでに紹介したように、「自他共栄」「精力善用」が職人経営者ジャコモ氏のポリシーだ。

営業や販促は本来、販売先の仕事というのが同社の立場である。とするとなぜ、このように露出度が高いのだろう。

同社のＰＲ戦略を明らかにする前に、一般的なＰＲ戦略について少し述べる。

パブリックリレーションズは普通、大きく分けて２種類に分かれる。１つは、費用負担をともなわないパブだ。オウンドメディア（自社発信）である。プレスリリースをメディアに送り、雑誌、新聞記事、ネットニュースに取り上げてもらう方法だ。しかし、メディアに頻繁な広告出稿を打てない中小企業の場合、そのチャンスになかなかめぐり合えない。

しかし、著者の経験から、中小企業であってもＰＲ方法は必ずあるはずだ、と考えている。

通常、担当者宛のリリース郵送は、知り合いか、特別に目を引くキャッチでもない限り、開封されずにゴミ箱行きとなる。なぜなら、毎日毎日、想像以上のリリースがメディアには届いているからだ。

しかし中小企業でもお金をかけずにメディアにアプローチする方法はある。雑誌や新聞などの掲載されている記事に注目してほしい。必ず署名記事、雑誌ならコラム欄がある。業界紙や専門紙の場合、分野ごとの担当者がいる。その分野の記事を何回も書いている。

その傾向を見極めながら、担当記者のリストを媒体別に作成してほしい。時間は少しかかるが、このリリース内容はその記者向きだと判断したら、その担当記者に直接電話でアプローチするのだ。

そして、担当記者に記事をいつも参考にしているとのお礼を告げる。さらにリリースの件を伝えれば、とりあえずは見てくれるはずだ。もちろん、採用されるかどうかは内容次第だ。

この地道なアプローチを数回続ければ、担当記者とのコミュニケーションが生まれる。

すると、とりあえず展示会に来てくれる可能性はあるはずだ。連絡先が不明の場合は、ネットで調べる。毎年発売されている書籍（マスコミ電話帳）も購入したらよい。

もう1つは、ペイドメディア（費用をかけた発信）だ。費用負担がともなう広告出稿である。これにも大きく2種類ある。

1つは、ブランドのイメージを伝える、いわゆる純広告である。例えば、雑誌の表紙裏から数頁続くラグジュアリィーブランドの広告は純広告だ。

2つ目は、本文ページを使って展開する編集タイアップと呼ばれる手法だ。一見、純粋な編集記事のように見えるが、実際は編集者視点で制作された広告ページである。

一般的にはタイアップ広告のほうが純広告より効果が高いと言われている。ネットの広告は、ご存知のように検索画面や無料画面に貼られている。

どちらにしても中小企業の体力では、おいそれと出来る予算額ではない。まして単発では効果が出づらいとなれば、予算は大きくふくらんでいく。

●第3の手法・アーンドメディア

この従来の2種類に加え最近は、「アーンドメディア」と呼ばれる第3の手法がある。自社ブランドを他者が発信する手法だ。これがオロビアンコ社のＰＲ戦略である。

同社の場合、日本国内でのＰＲ予算は設定されていない。自社からの発信は基本的にすべてパブである。他ブランドとの基本的な違いは、各販売先がオロビアンコブランドを独自に発信していることだ。なぜか。最大の理由は、各店舗がそれぞれのオロビアンコブランドを販売しているからだ。具体的にはこうである。ナノユニバースがオロビアンコフェアを実施する場合、かなり力の入ったプロモーションを打つ。通常、セレクトショップが集積する渋谷で、同一ブランドを他店が展開している場合、プロモーションをすることはない。しかし、ナノユニバースが積極的にキャンペーンを打つのは、同じブランド名でも、ナノユニバースで扱っているのは同社のオリジナル商品であるからだ。

オロビアンコブランドは、シーズン中に、百貨店のＤＭ、セレクトショップの小冊子、ファッション誌の紹介記事などを通じ、多くの販売先から同時に発信される。費用負担は、もちろん販売先だ。

第三者が紹介・宣伝する典型的なアーンドメディアだ。ほとんど同時期に、扱い店舗が支持率の高いオロビアンコを紹介し、推薦するのだ。その露出総量は馬鹿にならない。もしその販促・宣伝費を合計すればハンパな金額ではないだろう。他ブランドでは、絶対に不可能な手法だ。

●気軽な人柄がファンを拡大

2つめの特徴は、販売先の要請に対するジャコモ氏自身の積極的な協力姿勢だ。百貨店でのイベント・トーク・ショー、有名セレクトでのトランクショーにもジャコモ氏は進んで出演する。販売者にすれば当事者の出演は、ブランドロイヤリティーをさらに高めることにつながる。一方、ジャコモ氏にすれば、日本国内での人脈がどんどん広がっていく。この手法は誰も真似ができないジャコモ氏だけの手法だ。

他ブランドと違うもう1つの条件は、編集者のなかに気軽な人柄のジャコモ氏のファンがたくさんいることだ。だから取材記事として多数掲載される。これは、たいへんなアドバンテージだ。フェイスブック、ユーチューブといったSNSでも早い時期からレベルの高い発信が行われてきた。「オロビアンコテレビ」も一見の価値がある。

オロビアンコの本社にはプレスセンターが設置され、スタッフには映像担当やカメラマンもいる。若くして才能あるメンバーがさまざまな表現を創作し、HPやユーチューブやオロビアンコテレビなどで発信している。ただ日本のオロビアンコファンには、これらの素晴らしい映像が充分に伝わっていない。大変残念である。巻末の案内欄で紹介しておくので是非参考にしていただきたい。

中小企業にとってローコストで継続できるＳＮＳはマスト事項だ。Ｂ to Ｃの企業にとってＳＮＳやＨＰやブログは必須のコミュニケーション方法である。従来と違いネットの場合、情報拡散のコストは低い。しかも、口コミが購買動機づけの１つともなっている。インターネットの普及は、中小企業に大きなビジネスチャンスを与えている。

差別化から「独自化」のリテール戦略

販売先をセグメントしないオロビアンコ社の販売戦略はすで

●輸入の流通過程

A 従来の輸入商社流通　　**B 小売業者輸入**　　**C 輸入卸売業者**

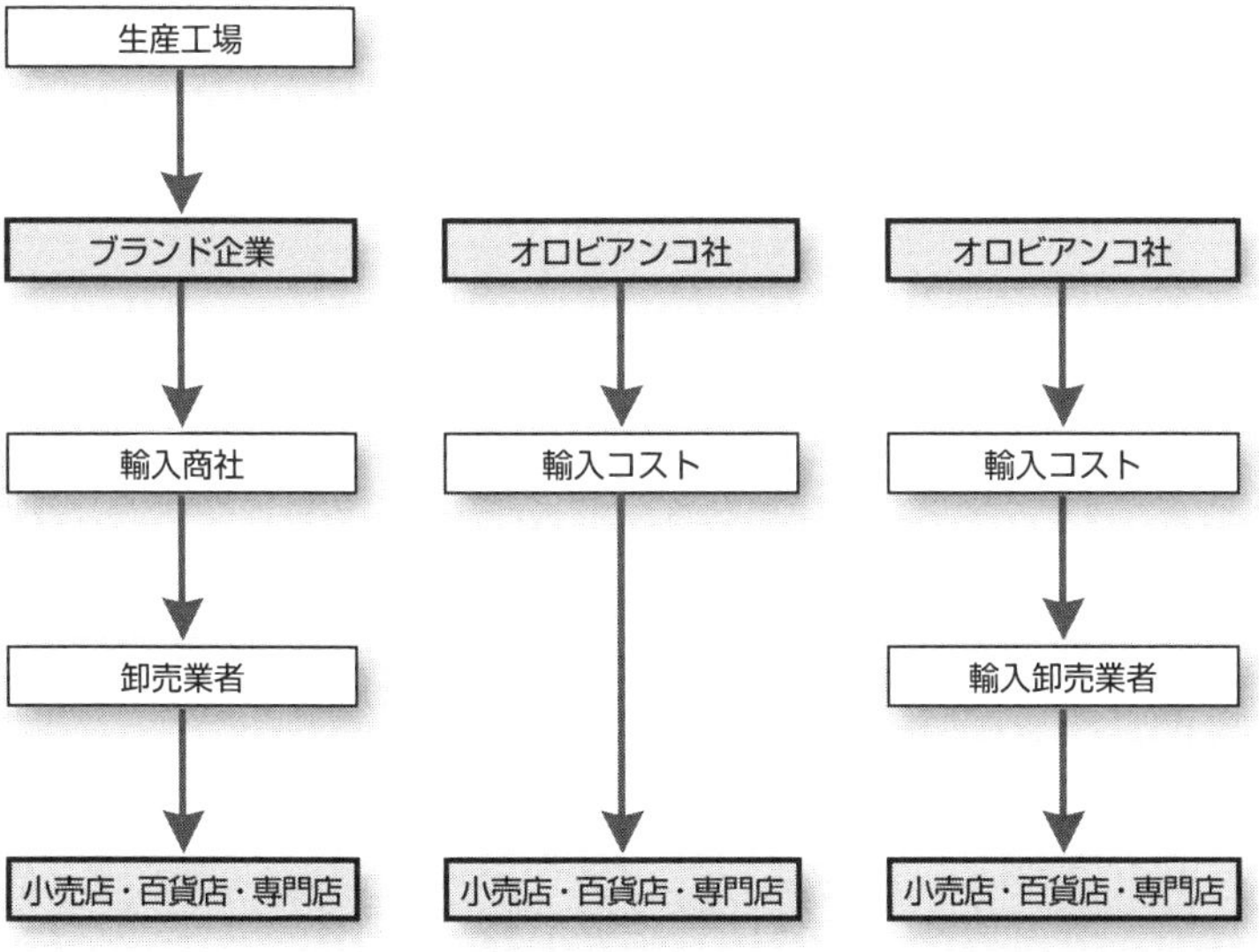

に紹介した。

繰り返しになるが、①最高の品質の商品を②競争力のある価格で提供し、さらに③製品のデザインやカラーなどまで発注者の希望を取り入れて製造していることが大前提だ。これは差別化というより「独自化」と呼べる。オロビアンコ社にしかできない戦略だ。

オロビアンコ社のリテール戦略の特徴は3つある。1つは、直接取引により適正価格追求戦略だ。2つ目は、小売価格は得意先各社に委ねることだ。3つ目は、売り場の多様性と的確なMD戦略である。

適正価格の実現は、先に述べたように物づくりそのものから生まれるとともに、その特異な流通形態により、さらに可能となる。

従来の典型的な流通経路と価格決定方法はA（従来の輸入商

社流通）である。

Ａでは、商社の担当者が仕入先（主にブランド企業）と交渉、支払いも代行する。輸入業務も代行し、円建てで得意先に販売する。この時点でＦＯＢ（船積み価格）に関税、運賃、保険料などの諸経費が上乗せされ、仕入れコストになる。さらに、この輸入原価に対して商社のマージンが付加され、卸売業者に販売される。卸売業者はこのコストを踏まえ、小売店に卸し、小売業はしかるべきマージンを上乗せして販売する。

Ｂ（小売業者輸入）は、海外の展示会などで百貨店やセレクトショップが直接買い付けた場合だ。

当然輸入コストはＡと変らないが、小売業が消費者に直接販売するので、小売価格を安くできる可能性はある。

オロビアンコ社のケースは主にＢに該当するが、Ｃの形態をとることもある。

一例を挙げると、そごう・西武百貨店バッグ売り場は直輸入だからケースBに該当するが、新宿・高島屋の「クアトロ・アンゴリ」の場合はCに該当する。互いの売り場には似た製品はあるが、ディテールや付属品、カラーが違う。これらの違いが、小売価格の自由度を可能にしている。

一般論だが、日本の商習慣として、同じ製品は全国同一価格で販売されている。先進国ではめずらしいケースだ。

オロビアンコ社は、それぞれの小売業からの小ロットの別注対応が可能だ。つまり、それぞれの小売業のオリジナル商品が実現するわけだから、誰も小売価格をコントロールする必要を感じていない。したがってネット上の割引販売表示は理論的には存在しない。統一された価格設定が存在しないからだ。

●製品を独自化する取引先

日本では普通、統一価格のバラツキや値引き販売は大きな問題となる。しかし、オロビアンコ社の主要な取引業者に聞くと全社が価格を揃えるのは不可能だと認識している。だから各社とも、製品を独自化することに全力を注ぐ。すべての得意先に、この認識を共有させたオロビアンコ社の戦略はまさに革新的だ。同社でないとなし得ない戦略と言えよう。

この戦略が可能になった背景には、オロビアンコの企画意図がユニセックスであり、特定のターゲットを設定していないこともある。90年代から、世界中でファッションのカジュアル化が進んだ。オロビアンコ社の物づくりは、このカジュアル化の流れと軌を一にしたのである。

さらに同時期、ファッション売り場の大型化と、アパレル店舗内での雑貨アイテムの拡充が進んだ。消費者の目は従来のバッグ売り場から、アパレルの売り場へと移転していく。

アパレルの店舗数はバッグ専門店舗の10倍と言われる。本国の展示会でもオロビアンコ社は、アパレル展示会とバッグ展示会の両方に出展している。品揃えする売り場が広がれば、認知度はさらに増していく。認知度のレベルアップにより、他業種のバイヤーからの注目度も上がる。そうなれば一般ユーザーの新しい需要を生む機会提供にもつながっていくという判断だ。

MD戦略は共同した物づくり

次に売り場の多様性とMD戦略を紹介する。

オロビアンコ社に代理店はないが、販売チャンネル別に主な輸入元がある。百貨店チャンネル中心のA社、ナノユニバースをはじめとするアパレル系セレクトショップチャンネルは主にB社とC社、サックスバーホールディング系列はD社、QVCテレビショッピングはE社といった具合である。1社体制より、はるかに強固な布陣を引いている。

オロビアンコ社は近年、販売先のバッティングによる価格競争を避けるために、百貨店催事企画や新規の販売先に対し、本国のアプルーバル（承認）を求めている。日本の流通事情に合った調整機能を目指そうとしているのだ。販売した製品の修理対応は、元林の直営店を正規修理窓口としている。巻末に窓口の連絡先を紹介している。

多様の売り場に対応したチャンネル別のMD戦略は的確だ。市場は広い。セレクトショップが望むファッション性高いバッグのＭＤと、全国をカバーするＳＣ中心のバッグチェーン店のボリューム層が望むＭＤは大きく異なる。テレビ通販の購買層と若者向け全国メンズスーツチェーンでのバッグＭＤは本来相容れない。

しかし、オロビアンコ社にしてみるとコレクションには変わりがない。なぜならば、どれもこれも、それぞれの現場の意見を取り入れて製品が作られているからだ。デザイナー側の押し付けではない。チャンネルごとの特徴あるＭＤがしっかりと組み立てられているのだ。

セグメントをしていない１万３０００スタイルから、それぞれのチャンネルごとに、最適なスタイル、素材、価格の要望を十分に考慮しながらオロビアンコ社が最高の製品を供給する。

消化率が、おのずと高まるのは当然だ。ＪＵＤＯマーケティングの神髄である。商品の差別化ではなく独自化と呼べる戦略がそこにはある。他社の追随は不可能だ。

日本が学ぶべきものは何か

収縮している日本市場を前に、誰もが消極的になっている今、何をどう変えて行けば未来は開けるのか、その方向性や具体例を幾つか述べたい。

まずはイタリアと日本の違いは何か、を考えてみる。

新商品のデザイン会議に参加すると、日本とイタリアのデザインに関する概念が大きく違うことに気づかされる。

一般論だがイタリアの場合、1本のスプーンのデザインを決めるのにも、そのスプーンが置かれる室内空間を考慮に入れた発想が重視される。単品でのデザインという発想はないのだ。

筆者も驚いたが、デザインプロジェクトには精神科医、詩人、化学者、哲学者なども参加する。さまざまな視点からデザインが議論されるのだ。商品デザインのみに終始する日本との違いに驚く。ライフスタイルを考慮に入れながら、日常生活に美を持ち込もうとするイタリア人の強い情熱を感じる。

1人当たりのGDPで見ると、日本は世界17位、イタリアは24位だ。年間所得にすると1万ドル近い差がある。しかし、彼らが羨ましく思える。人生の幸福度や美に対する意識の違いを強く感ぜざるを得ない。

一例だが、10日間の食費として1万円与えられると、おそらく日本人は毎日１０００円ずつ使うはずだ。しかしラテンの人々は、９日間は徹底的に節約し、残りのすべてを１日で使い切るようなメリハリのあるお金の使い方をする。

また日本人は現状を変えることを余り好まない。私の知人に優秀なイタリア人がいる。彼はたった２週間で転職を決意、新しいチャンスを求めニューヨークに家族ごと移った。その行動力に筆者は大変驚かされた。いずれにしても、先ず現状を変えるマインドセットが我々には求められている。

資金や人材は不足しているのか？

いま業界では、不況を理由にネガティブな話が数多く語られている。中小企業でよく語られる挑戦できない理由に、資金不足と人材不足が挙げられる。

しかし、本当に資金は調達できないのであろうか。調べてみると、国や行政機関には返済義務のない補助金がある。国の起業資金融資制度をチェックしてみれば、新事業への転換あるいは進出のための融資制度も現在はある。政府系金融機関は預金も要求しない。門を叩く価値はある。また国だけでなく、各都道府県や区が行っている創業資金付与もある。とくに補助金は、半期ごとの募集の場合が多いから、窓口を時々チェックしてみてほしい。債務超過でも調達事例はあるのだ。

さらに中小企業団体中央会の場合、産学協同のほうが調査費用を獲得しやすいと言われている。ファッション系の大学と組めば互いにメリットが出るはずだ。ほかにも日本商工会議所には「小規模事業者持続化補助金」制度もある。海外市場を目指すのであれば国際協力機構もある。今後さらに、起業や新規事業へ挑戦できる環境は改善されて行くはずだ。ネットで調べてほしい。

人材問題の要は、まずあなた自身が率先して学ぶことである。自己投資は、株や不動産投資と違い、裏切らない成果をあなたに与えてくれる。自分に一度ついたスキルは一生消えない。

最近多くなってきたのは展示会での英語の接客である。しゃべれないから、できたら避けたいという話をよく聞く。しかし最初は正しい英語でなくとも、コミュニケーションは取れるものだ。英語のテストを受けているわけではない。ビジネスをしているのだ。狭い範囲での語彙しか使用しないし、限られた場面での接客なのだ。また相手の質問内容の事前設定も可能だ。最初は事前に予想される質問への説明をタブレットに入れておけばよい。

会場では、それを見ながら読む、見せながら説明する。展示会の接客程度なら中学3年生の英語レベルで済む。事前準備とロールプレイングをしておけば、あなた自身が即戦力になれるのだ。

海外市場を視野に入れる

中小企業が狙う市場はニッチあるいは専門的な限定された市場である。中規模なマーケットがあれば充分だ。差別化は可能である。

現在、日本の中小製造業はすでに生産委託先を中国にもっている。その製品は、現在100%日本向けだ。これをアジアに輸出したら如何だろうか。海外取引をしていれば、最低限の輸出入の実務経験があるはずだ。

生産委託先と組み、第３国や中国国内での販売開拓はできないだろうか。税制面もあるが、何らかのアクションの可能性はあるはずだ。

もちろん、すべて日本人だけや１企業でやるのは限界がある。従来の取引関係や業種を超えた連携が新しい価値を生む時代だ。

海外を含めて、さまざまな外部の力をチームに取り入れるのだ。もちろん実績のある人物に限る。それがＪＵＤＯマーケティングだ。他者の力を借りながら、結果を生めばよいのである。社員のみですべてを解決することには無理がある。あなたの会社でもデザイナーは外国人、生産は日本、販売先は国内外、それでもまったく問題ないはずだ。

最近、他業種でも国内外市場の開発に成功する地域ブランドが出てきている。例えば、福井県の繊維産業振興を目的に始まったプロジェクト「おいしいキッチン」だ。

デザイナーが地場のメーカーと直で進めると作りたい物を自由に作って満足する。良いデザインや売れる商品を作れたとしても販路やピーアールの視点が欠けると市場には出ない。マーケティングの視点があり、ディレクションできる人が必要なのだ。失敗から行政が学び、成果につなげた成功事例だ。

東京都台東区隅田川沿いの地域では全世帯の約70％が皮革関連産業に関わる。日本有数の皮革産業集積地である。行政は、デザイナーやクリエイターの育成に注力し、旧小島小学校跡地を改造した創業支援施設〈台東デザイナーズビレッジ〉を運営している。未経験の創業希望のデザイナーにアドバイスしながら、チャンスや意欲的な事業者との人脈を提供している。小規模ながら多くのデザイナーたちを輩出している。大きな成功例はまだなくとも将来が楽しみである。また、産学共同プロジェクトとしては、大峡製鞄が東京芸大のデザインチームとランドセル型リュックを制作した。この商品は２０１２年３月、「ミペル」で受賞し、商品も完売した。同時に、豊岡をベースに活動するバッグデザイナー由利佳一郎氏は、スタイル＆イノベーション部門で「ミペル最高賞」を受賞、日本の製鞄業者に希望を与えた。しかし、折角の受賞をメディアが取り上げず話題にならなかった。国産品の素晴らしを日本で発信するチャンスだっただけに残念である。日本皮革製品発信実行委員会が進める海外向け企画展「レザージャパン」も注目されている。業界としての発信力の改善を強く期待したい。

これも課題だが、海外展示会での日本のバッグ展示ブースは改善の余地がまだある。海外の消費者の視点やニーズの把握が不足しているのは、残念ながら事実だ。商品差別化の意図が来場者に十分に伝わっていない。接客レベルの改善を図り、成果への執着をもつべきである。

先人たちは、交通手段、通信手段もはるかに不便な時代に海外を目指した。比べ、今やクール・ジャパンは世界的に注目されるコンテンツだ。政府のバックアップも期待できる、この好機を若い世代と共に、前提を設けずに生かすべきだ。日本標準は世界の標準ではない。オロビアンコ社の成功は、生産設備を持ち、職人が存在していることが何よりも強みであることを教えている。そしてまた、市場創造の可能性を秘めていることも証明した。この強みを生かし、21世紀最大のマーケット、アジアに目を向ければ開ける未来が必ずあると筆者は確信している。

第5章 日本の技術とイタリアの感性の融合

輪島塗の超豪華パターの意味

オロビアンコ社と輪島塗のコラボレーションには、その前提となるキャスコ（本社・香川県）との取り組みがあった。1959年創業のキャスコは、手袋製造業として出発し、現在はゴルフボールやクラブの製造企業に脱皮、世界に販売網をもつグローバル企業となっている。

同社もオロビアンコ社と同様、物づくりを最重視する職人的企業だ。

スタートにあたり、ジャコモ氏とプロジェクト担当取締役の柿崎公明氏は活発な議論を交わした。

柿崎氏の主張は、大衆のニーズに応える売れ筋とは①安価②流行を取り入れたデザイン③短期間に顧客に届ける、であった。

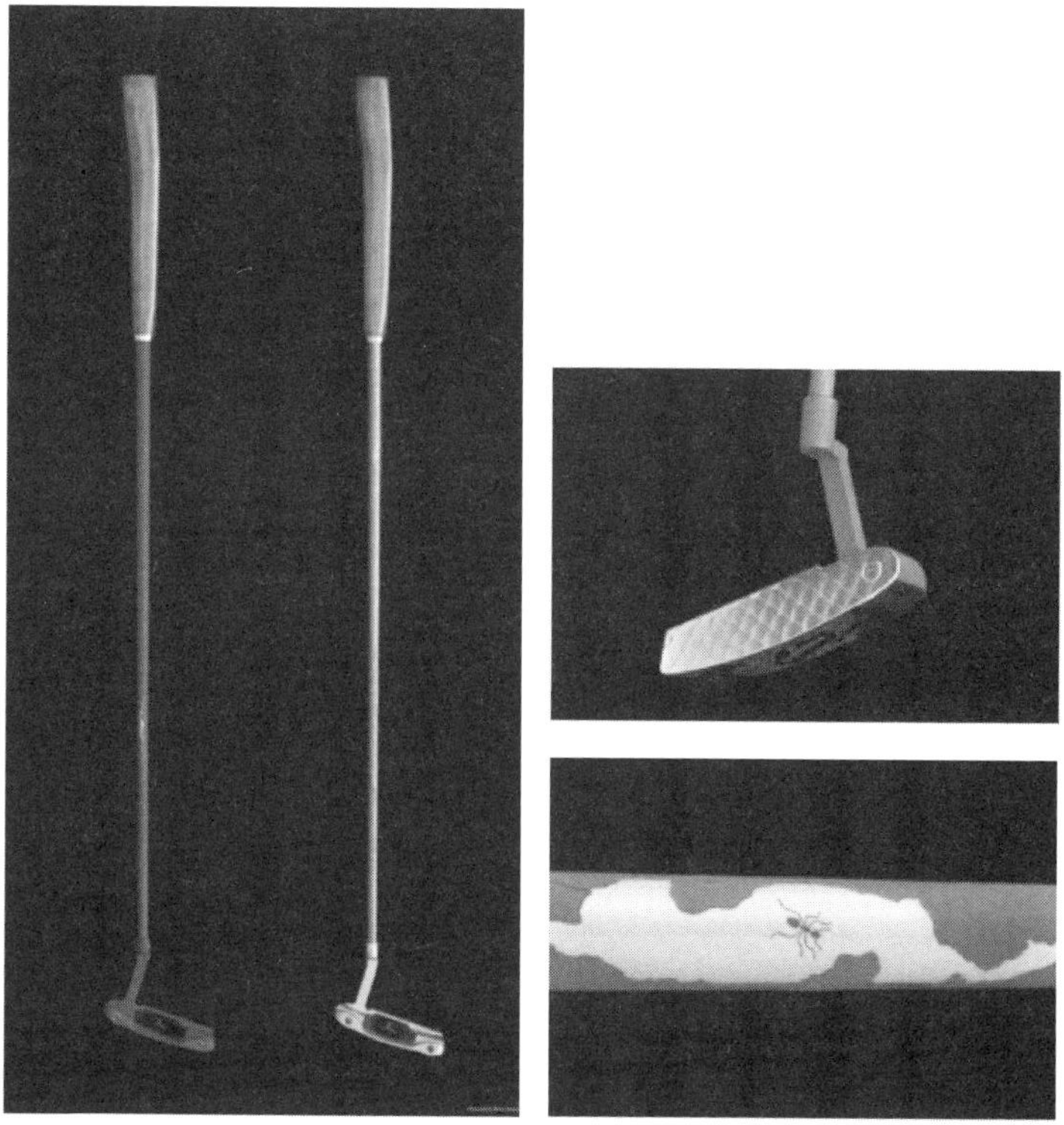

輪島塗の超豪華パター

しかし、ジャコモ氏のキーコンセプトは、これとはまったく違った。父から子へ、子から孫へ、親子3代で使えるクラブの製作である。すなわち「時間を超えて持続する価値」がジャコモ氏が考えるキーワードだ。そのためには最高の物づくりが必要である。作り手の心が込められた、イタリアと日本の技術の融合がジャコモ氏のコンセプトであった。

ジャコモ氏と輪島塗の出逢いは、2009年12月9日のことだ。「japan」は、海外では漆も意味している。漆技法の色彩や奥深さは「日本の精神のなかに宿る美を表現している」と海外では評価されている。それは日本人固有な感覚である「わび」「さび」を価値とする茶道のこころにも通じていると考えられている。

出逢ったのはロンドンのヴィクトリア・アルバート美術館。そこに展示されている漆作品にジャコモ氏は魅せられた。作家は石川県輪島市在住の漆工棟梁、雲龍庵・北村辰夫氏だ。世界最高の漆技術を継承する人物である。

２００８年、世界を代表するオークション企業の「クリスティーズ」が発行するカタログの表紙を北村氏の作品が飾った。彼の作品は、江戸時代からの伝統と技術を駆使し、現代の作品に新しい価値を与えている。２００年以上も前の国宝級作品と同列に評価されているのだ。石川県は前田１００万石のおひざ元。素晴らしい職人芸が継承されてきた地域である。

この作品に大きな刺激を受けたジャコモ氏はパターのグリップを木で作ろうと北村氏に提案した。すべての常識や規制を取り払った自由な物づくりがスタートした。

この出逢いは、想像以上の作品を具現化することに成功する。

北村氏は制作デザインの意図を、「見た目の美しさよりも、使われることによりゆっくりと表れてくる美しさを表現したい」と語ったという。また完成するまで、その写真を含めすべての情報は公開しない。コスト・納期・デザインは創作してみないと分らないことも伝えた。

漆は「うるわしい」という言葉につながっている。

西洋には存在しない言葉だ。「麗しい（うるわしい）」は、古語にあり、「可愛い」「仲が良い」「うつくしい」「きちんとしている」「端正な（心がまっすぐ）」というのが、その意味だ。麗しき心というのは、正直で素直、つまり、まっすぐな心の意味である。日本人として誇れる言葉だ。

完成したパターを見たジャコモ氏は心から感激し、即座に大切にしていたカシミア素材で真紅のケースを制作した。２０１０

年3月に完成報告会が行われた。パター表面には窒化チタンのイオンプレーティングが施されている。背面には黒漆に夜光貝からとった干渉光による蒔絵が配置されている。描かれた文字は北村工房の作品であることを示す「KIRYU」の花押。

グリップはヒノキ材を乾燥させ、それに生漆を薄く塗り、何回も研磨する工程を経たものだ。木目を壊さないように作り上げられている。自然と手になじむ柔らかい木の感覚を生かしているのだ。

ヒノキ材のグリップは、３つのパーツから作られており、その上に10回以上も漆を重ね塗りしている。３つのパーツをシャフトに接着した後、また漆を重ねてゆく手法を取っている。

キャスコの柿崎氏は、「ジャコモさんは本当の物づくりが何を創造するのかを知っている人」と絶賛する。

マイクロ・テクノ・ハウス

２０１３年、「マイクロ・テクノ・ハウス」プロジェクトの発表会が大阪府守口市で開催された。

マイクロ・テクノ・ハウスは、次世代の新しい住まいのカタチである都市型ワンルーム計画である。

このプロジェクトはジャコモ氏を会長に、プロダクトデザイン界の重鎮、福田武氏、堅実な中堅企業、近藤建設社長の近藤良一氏、ランドスケープアーキテクトの草分け、二見恵美子氏、上海万博日本館で注目を集めたロボット制御の第一人者、玉井博文氏、エンジニアの柿崎公明氏、マーケティングアドバイザーの佐藤亮治氏、ジャコモ氏が厚い信頼を寄せる元林社長元林承治氏をはじめ関西在住の多彩なスペシャリストたちが集った。

マイクロ・テクノ・ハウス議論風景

ジャコモ氏が主張する住空間コンセプトは、一人暮らしでも多くの友とつながり、いつも自然と接触できる空間づくりだ。いまイタリアでも日本と同様、大都市周辺に人口が集中、限られた空間を効率的、そして快適にする技術の開発が必要とされている。

イタリアの住宅事情に少し触れよう。ミラノではローマオリンピックの2年後の1962年に「庶民向け経済住宅地区計画に関する法律」を制定した。最低居室高は3メートル、最低居室部屋容量はリビングで32立方メートル、キッチンで24立方メートルだ。面積だけでなく容積も定めて公営住宅の供給を進めたのである。この50年以上にわたるイタリアの考え方と比べ、日本の大都会の16平方メートル前後のワンルームは部屋ではなく、まさに物置だ。

●想定を超えた日本の「住まい方」の変化（１）

晩婚化、生涯未婚率の上昇、少子化、将来への生活不安、高齢化による配偶者との死別……想定を超える「独居」化の進行により、日本の全世帯の１／３（2010年32.4%）が「独居」となり、最多の世帯形態となった。

一般世帯の家族類型の割合の推移——全国（平成7～22年）

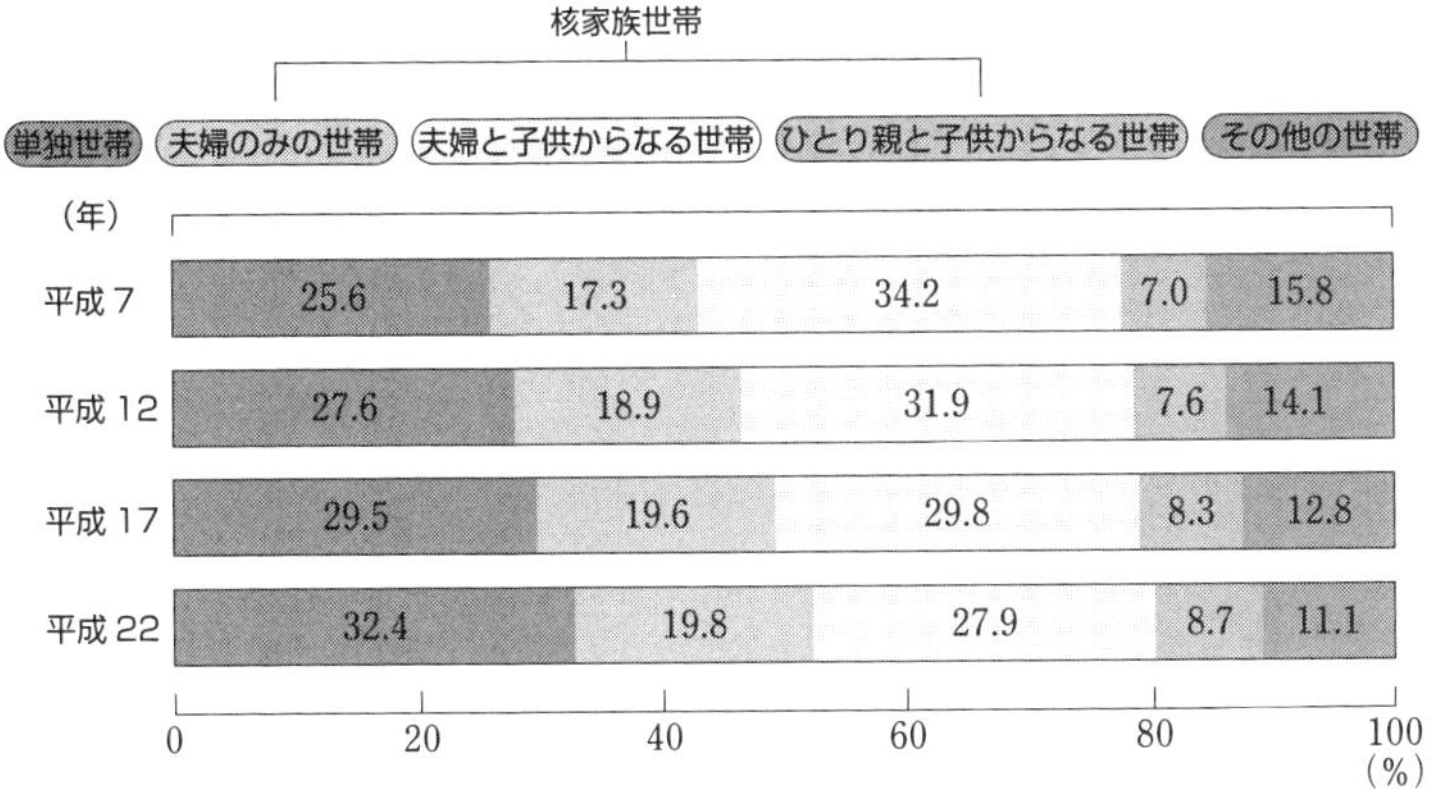

（注）平成７年から17年の数値は、「新分類区分による遡及集計結果」による
出典：国勢調査

出典：日本の住環境の変化とこれからの「住」のカタチ
2013年１月29日「Casa Orobianco研究会」プロジェクト発表会
ミードアソシエイツ／佐藤亮治

●想定を超えた日本の「住まい方」の変化（2）

- 2013 年現在、すでに独居世帯数では 30〜44 歳、60〜74 歳が 20 代を超えたと思われる
- 10 年以内に 45〜59 歳、75 歳以上の独居が急激な伸びを見せる
- 巨大な人口の塊である団塊ジュニア世代（現在 38〜41 歳：800 万人）が独居世帯数を今後 40 年以上にわたり、上へ上へと引っ張り上げていく
- 1995 ⇒ 2035 の独居世帯数合計は
  15〜44 歳 6,309 ⇒ 5,376（千戸）
  45 歳以上 4,930 ⇒ 13,080（千戸）

単独世帯・世帯主の男女年齢 15 歳階級別一般世帯数

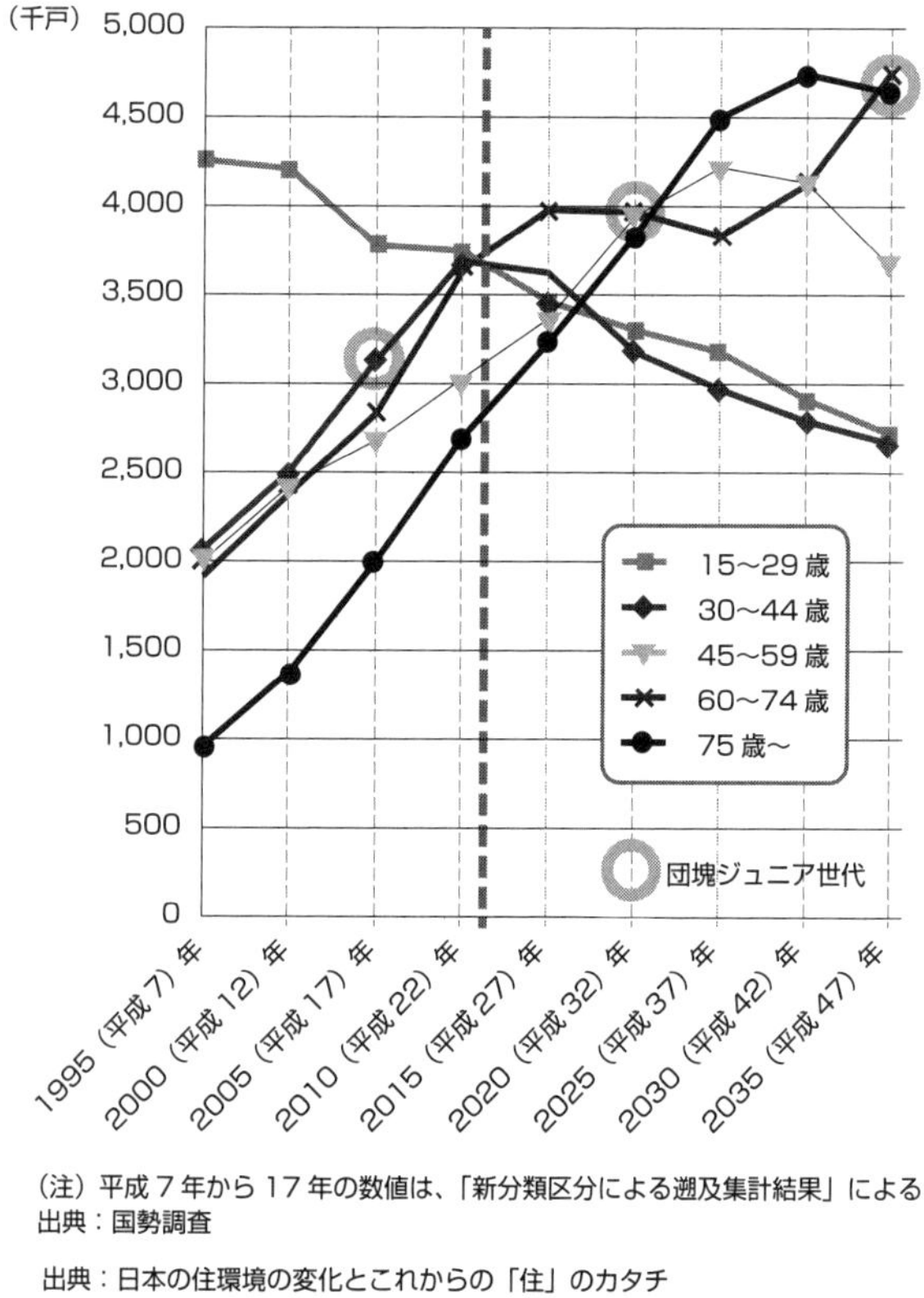

（注）平成 7 年から 17 年の数値は、「新分類区分による遡及集計結果」による
出典：国勢調査

出典：日本の住環境の変化とこれからの「住」のカタチ
2013 年 1 月 29 日「Casa Orobianco 研究会」プロジェクト発表会
ミードアソシエイツ／佐藤亮治

住居こそ生活のクオリティーを決定する空間である。マイクロ・テクノ・ハウスは「コンフォータブル」「フレキシブル」「ダイナミック」そして「プラクティカル」を基本としている。人が一人で暮らすのに最適な空間を提供しようとする意図がある。

日本の現状はどうであろう。少子高齢化・晩婚化・非婚化・若い世代の貧困化などが重なり、価値観の変化が進行している。結果、単身世帯が急速に増えてきた。

2010年の統計では、日本の5195万世帯のうち32・4%が単身世帯だ。今後も高齢化などにより増えることは間違いない。さらにボリュームの団塊ジュニア世代（現在30代後半〜40代前半は約800万人）が今後40年以上にわたり単身世帯数を押し上げていくと推定される。1995年の45歳以上の単身世帯数は493万世帯、それが2035年には1308万世帯になると政府は推定している。

5年毎に将来予測が大幅に修正されてきた経緯を踏まえると、単身世帯はさらに増える可能性が高い。

そして深刻な問題は、現在600万戸を超えるマンションストックと3000万棟を超える一戸建ストックも住人の高齢化と独居化を迎えることだ。耐震補強の必要な築30年以上のマンションはすでに100万戸を超え、2030年までには400万戸超まで急増するという。

となれば、日本の未来社会が必要としているのは「大人の永住型1人暮らし」のための、ワークとライフの両面が満たされた居住空間にほかならない。

大阪府守口市に竣工した「エルベコート太子橋駅前」10階の2戸とエントランスは、このマイクロ・テクノ・ハウスの実験的プロジェクト空間である。

守口市は大阪府のベッドタウンとして発達し、中小企業も多く立地する緑に恵まれた地域だ。しかし一方、住民の高齢化も進んでいる。

エルベコート太子橋は、マイクロ・テクノ・ハウスのフィロソフィーに賛同した近藤建設により竣工された。

ここに至るまでには、長い議論が熱く何度も交わされた。

例えば、２０１１年12月８日の記録を見ると、まずマイクロ・テクノ・ハウスの概念が論議されている。その視点は、技術革新は大きな物を小さくすることを可能にした。これからの居住空間には心地よさと豊かさが必要である。テクノとはただの技術を指すのではなく進化し続ける機能だ。頭脳をもった技術は、住む人の動きを察知し照明や室温など、住む人に最適の環境を与えてくれる。またエネルギー消費も環境保護の視点から議論された。

このように、さまざまな分野の最高のスペシャリストたちが自己のフィールドから意見を述べ、未来のアーバン住宅のあり方を議論しているのだ。

これまで確かに商業主義住宅が大量に供給され続けてきた。その20世紀を経て、21世紀は、人口構成も価値観も大きく変化した。その変化を踏まえた議論がなされているのだ。もっとも興味を引くのが脱商業主義発想である。売れるための議論ではなく、社会が求める課題に対するソリューションとしてのマイクロ・テクノ・ハウス議論なのである。

実験的に造られた部屋を見てみる。原型モデルとされたのは、プロダクトデザイナー福田氏の個室だ。2室はアトリエとキッ

マイクロテクノハウス・キッチン

マイクロテクノハウス・アトリエ

チンと名づけられた。キッチンは45・28平方メートル（13・69坪）。名称の通り大きなテーブルを部屋の中心に設らえた。仲間との楽しい集まりの場だ。大きな窓とバルコニーによる開放感を感じながら、このテーブルでアイデアを練る、そんな演出である。

一方「アトリエ」は48・79平方メートル（14・75坪）。まさにクリエイティブな発想が幾らでも浮びそうな雰囲気を醸し出している。部屋の使い方だけでなく照明もすべてダクトレールだ。より自由度を高めている。毎月の模様替えも簡単だ。住いは人生を送るうえで欠かせない空間。その住まいがお気に入りの安らぎの空間であれば、ストレスは大きく軽減できる。

同プロジェクトは、その後も議論を重ね、２０１３年には大阪ガス主催の実験集合住宅コンペ「ＮＥＸＴ21」に野心的な「家族が生きる家」「個人が活きる家」の2案を提案。さらに２０１４年、近藤建設グループはマンション再生事業にマイクロ・テクノ・ハウスのコンセプトを採用し、今後の住宅におけるスタンダードとすべく広く訴求を始めた。

既存を組み合わせた黒いシューアイス

ジャコモ氏はイタリア人である。人生はアモーレ（恋して）、マンジャーレ（食べて）、カンターレ（歌う）だ。

彼は日本を訪問するたびに日本への理解を多面的に深めているようだ。そして日本の奥深い文化と勤勉な日本人に対するリスペクトを高めている。

日本の食文化とフランス料理のルーツであるイタリアの食文

化には、それぞれの地方ごとに特色ある多様なバリエーションが存在する。

「食」は、ジャコモ氏がライフワークと呼ぶカテゴリーである。ファッションと食の融合は意外なアイテムを生み出した。

「洋菓子のヒロタ」を知らない日本人はいない。1924年(大正13年)創業、創業90年を迎える老舗洋菓子メーカーである。

創業当初から厨房のタイルのメジ1本1本を、小さくたたんだ布巾で丁寧にふき取っていたという伝説が残っている職人気質のメーカーだ。

この徹底した衛生観念が同社の基本理念である。工場のクリーンルーム内での菓子づくりは、人の手が直接触れることのないフルオートメーション生産だ。

ジャコモ氏との協業により生まれたのは、日本人ならおそらく考えつかないであろうエネルギッシュな黒いシューアイスであった。

カプチーノとエスプレッソ味のシューアイスだ。黒いシューアイスは、今ではヒロタの看板商品となった。

完成して見れば、なぜ今までなかったのかと思わせる商品だ。既存のものを組合せるだけで、新鮮な商品が誕生するのである。

ウルトラ・トレイルから生まれたデザルティカ

ブランドづくりは、もっとも過酷とされる「ウルトラ・トレイル・レース」から始まった。

イタリアのロンバルディアとマラソンの第一人者にラッファ

エレ・ブラットリー氏（58歳）がいる。

世界の4大ウルトラ・トレイル（中国のゴビ砂漠・チリのアワカマ・エジプトのサハラ砂漠・南極の凍てつく氷原）すべてを克服した唯一のイタリア人だ。イタリアの有名ランナーズ雑誌「ランナーズワールド」によると、14年も「La Trans Omania」が1月27日夜9時にオマーンでスタート、300キロメートルをノンストップで競った。2000メートル以上の山脈を越え、インド洋を一望する海岸線までのコースだ。ゴールは1月31日朝だったという。

ラッファエレ選手の記録は91時間44分。死者が出るのも頷ける過酷を超えた命懸けのレースなのだ。

選手たちは昼と夜の温度差の激しい砂漠を走り抜ける。南極を走破する装備もその環境の中で機能しなければならない。

ジャコモ氏はラッファエレ・ブラットリー氏の知遇を得、地球上で最も過酷な環境でも機能的に使えるバッグの提供を申し出たのである。

デザルティカは「砂漠から」の意味だ。このようにして「極限までのタフさと機能を併せもつバッグ」というコンセプトが誕生した。

２０１２年６月のピッティ・ウオモでコレクションが発表された。男性ユーザーたちの共感を得るのに時間はかからなかった。

この特異なコンセプトに興味をもった日本のアパレル素材メーカーがいた。福井県に本社を置く、１００年を超える歴史をもつ老舗素材企業ケイテー・テクシーノ社だ。同社は世界最高峰のオリジナル素材、カンティアンを製造している。

独創的なコンセプトと独自の機能素材開発能力をもつ日本企

業との協業がスタートした。

ズバ抜けた撥水性と耐水性の素材は、水をかけても濡れないジャケットの製品化を可能にした。吸汗速乾・ストレッチ性・保温性・涼感を併せもったジャケットの誕生である、
素材だけではコンセプトを商品化することはできない。アパレル製品化されなければ市場には提供できない。ブランドプロデューサーには、ジャコモ氏が10数年来、いつかは協業しようと考えていた意中の人、田島重則氏が就任した。

田島氏は1982年から1998年まで、NYでファッションビジネスの経験を積んでいる。日本人には少ない本物のグローバルな活動ができる人物である。

テーマは「ニュー・アーバン・リミックス」。商品イメージは、過酷な砂漠の中を走り抜けるタフで高性能な四輪駆動車。その

DESERTIKA

無骨な四輪駆動車が都会の中に溶け込んでいるシーンがイメージされた。イタリアのコンセプトと日本の技術が融合し、さらに洗練されたアパレルコレクションが誕生したのである。

14年7月10日、東京・表参道GYRE4階のオロビアンコ・スプマンテリアで盛大に発表会が行われた。9月15日には待望の代官山・路面店もオープン、その世界観をいかんなく発信している。イタリアからジャコモ氏も駆けつけ、オープンパーティーには、業界のみならず日本の製造業の人々も数多く参加していた。

ランドセルをグローバル商品化

日本で市場が縮小している商品でも視点を変えれば需要は大

きく拡大する。

ユニクロの柳井社長は「国内マーケットだけならお客は１億人に過ぎない。しかし世界に目を向ければ市場は80億人になる」と指摘している。

中小企業が海外の市場を開発できる可能性はあるのだろうか。

ランドセルの事業所数は95年に比べ41％に激減した。厳しい数字である。

ランドセルの場合、毎年入学児童数の99％が見込客となる。しかし児童数は年々減少している。

文部科学省発表の「学校基本調査」によると児童数の推移は、１９５５年２５０万人、１９９１年１５０万人、２０１４年は約１１０万人だ。この15年で見ても30％も減少している。

ランドセルの年間販売本数は85万本から90万本と推定されて

いる。ご存知のように孫へのプレゼント需要も多く、お盆の帰省時での購入も少なくない。14年では8月までに3割前後の需要が発生した。平均単価も高く5～6万円台が主流だ。他業種からの参入もあり、家具のニトリが中国産低価格商品の大量販売を仕掛けた。

しかし、日本での需要は縮小傾向だが、クール・ジャパン分野でもっとも成功している子供向けアニメの影響もあり、ランドセルは世界中の認知を獲得しつつある。アメリカのヤングセレブ、女優で歌手のズーイー・デシャネルのランドセルスタイルが可愛いとネット上で評判になった。

これをきっかけにランドセルは世界のファッション好きに伝播、男女を問わず20代から30代の新鮮なファッションアイテムになる勢いを示している。

オロビアンコのランドセル

今やランドセルは固有名詞として英語にもなっている。E－BAYを検索すると、すでにユーズドまで販売されている。ネーミングは「ジャパニーズ・スクール・バックパック」。

ジャコモ氏は数年前から愛娘にランドセルを持たせている。可能性を強く感じていた。2012年、オロビアンコブランドのランドセルが百貨店ルートで発売された。ランドセルの可能性は未知数だ。ファッションアイテムでの需要が見込めるからだ。メイド・イン・ジャパンの新しいファッションアイテムになる可能性は十分にある。

おわりに

「はじめに」で書いた本書の意図が、読者のみなさまにどれだけ届いたのか、はなはだ不安だ。それもこれも自身のつたない筆力に原因がある。書き上げてみて、まだ十分にオロビアンコ社の全容を表現し切れなかったと反省もしている。それゆえ、日本のバッグ中小製造業が同社の軌跡から少しでも何かを感じとっていただければ、書き手としては十分に満足である。

筆者もそうだが、人生も事業経営も晴れの日ばかりではない。しかし、雨は必ずやむ。いま一度、自分たちの強みと弱みを第三者の視点で分析し、新たな可能性を見つけ出して前進を開始してほしい。望む者には、必ず未来は与えられる。

たいへん未熟な自分が「おわりに」まで辿り着けたのは多くの人々の支えとご指導があったからだ。深く心から感謝の意を表したい。

出版の機会を与えてくれた水野俊哉さん、渡邉理香さん。繊研新聞社出版部の山里泰さん、編集者の井出重之さん、デザインを担当してくれた金子英夫さんと徳平加寿也さん。取材を快く引き受けてくれた尊敬するジャコモ・ヴァレンティーニ氏、カルロ・カペッリ氏・万里子さんご夫婦はじめオロビアンコ本社のみなさん。元林承治さん、達川幸子さん、佐藤亮治さん、柿崎公明さん、村松規康さん、堀井誠さんをはじめ国内のオロビアンコ関係者の多くのみなさん。出版を応援してくれた椙澤千咲さん、佐藤佳維子さん、土井英司さん、重見直宏さん、エリエス11期の熱い仲間たちと諸先輩。そして母、家族や友人たち。
最後になりましたが、この本を手に取っていただいたあなたに、再度、最大の感謝を込めて。本当にありがとうございました。

２０１４年12月、誕生日を前に

★オロビアンコ社公認修理窓口

クワトロ・アングリ

http://www.quattro-angoli.com/guide/repair.html

★オロビアンコ・フォー・ジャパン　参加企業一覧（順不同）

＊㈱元林　http://www.motobayashi.co.jp/

＊キャスコ㈱　http://www.kascogolf.com/jp/

＊コクヨＳ＆Ｔ㈱　http://www.kokuyo-st.co.jp/

＊㈱守屋　http://www.moriya-japan.com/

＊川辺㈱　http://www.kawabe.co.jp/

＊小原㈱　http://www.ohara-towel.co.jp/

＊オプテックジャパン㈱　http://www.optecjapan.com/

＊田中久㈱　http://www.tanakakyu.co.jp/

＊㈱池田地球　http://www.i-chikyu.co.jp/

★その他主要協業先（順不同）

＊時計（タイムオラ）　株式会社ティ・エヌ・ノムラ
http://www.tn-nomura.co.jp/

＊メンズ衣料（Orobianco Uomo）　株式会社ラグラックス信和
http://www.raglux.com/index.html

■巻末資料一覧

★オロビアンコ公式ホームページ
www.orobianco.com

★オロビアンコ公式チャンネル
www.youtube.com/user/orobiancoweb
facebook/orobiancoweb
instagram/orobiancoweb
twitter/orobiancoweb
pinterest/orobiancoweb
googleplus/orobiancoweb
youtubo/orobiancoweb
youku/orobiancoweb
weibo/orobiancoweb

★オロビアンコファンのためのＨＰ（たかぎこいういち主宰）
www.oro-fan.tokyo（読者特典 URL）
www.takagui.net

★ジャコモ・ヴァレンティーニ＆オロビアンコ社所属団体

＊ D.A.S 社団法人総合デザイナー協会

＊一般社団法人新日本スーパーマーケット協会

＊一般社団法人メンズファッション協会

＊在イタリア日本商工会議所

＊ＣＮＡ イタリア職人協会 (副会長)

＊お弁当・お惣菜大賞審査委員

＊ AIMPES イタリア皮革・準皮革製品製造業協会

＊ Master of Linen

＊在アラブ首長国連邦イタリア商工会議所

＊リッチョーネ モーダ イタリア　終身審査委員

＊メンズ衣料（デザルティカ）　ケイテー・テクシーノ株式会社
http://www.raglux.com/index.html

＊マイクロテクノハウス　近藤建設工業株式会社
http://www.konken.co.jp/

＊ジュエリー　株式会社ドウシシャ　時計・ブランドジュエリー事業部
www.orobianco-acc.com

＊ヘアーケア　株式会社ドウシシャ　ヘルス＆ビューティー事業部
www.doshisha-cosmetic.jp/orobianco/

＊筆記具・カフス＆タイピン　ダイヤモンド株式会社
www.diamond.gr.jp

＊グローブ　株式会社クロダ
www.kuroda.co.jp

＊シューズ　有限会社ドゥオモ商事
www.e-duomo.com

★レストラン

＊オロビアンコ・スプマンテリア　株式会社 REAGE
http://www.reage.co.jp/

＊カフェ オロビアンコ　株式会社 コンプリート・サークル
http://www.orobiancokaffe.com/

＊オステリア・オロビアンコ　株式会社きちり

＊リストランテ・オロビアンコ　株式会社きちり
http://www.kichiri.co.jp/

■参考文献

＊「商業統計表」平成24年度版　経済産業省大臣官房調査統計グループ
＊「繊維産業の現状及び今後の展開について」　経済産業省 繊維課　平成25年
1月17日発行
＊「台東区産業振興プラン」台東区役所　２０１２年版
＊「台東デザイナーズビジョンについて」台東区役所　２０１３年
＊地場産業Xデザインの困難さ　慶應大学商学部牛島利明研究会　平成25年
11月21日発行
＊「イタリアのブランド」産業経済研究所　中部大学講師 小山 太郎　２０１１年
＊ＡＩＭＰＥＳ刊
「Itarian Association of Leather Goods and Leather Substitutes
Manufacturers」
「The economic trend in the Leather goods」sector in 2013
＊Casa Orobianco 研究会　プロジェクト発表会資料
・ミードアソシエイツ　佐藤 亮治
＊Orobianco Magazine Issue 01
＊Orobianco 社15周年発刊本
＊宝島社　ｅＭＯＯＫ本
・２０１２年版パーフェクトブック
・２０１３年版パーフェクトブック

・オロビアンコ２０１４
・オロビアンコ本格革財布ブック
・オロビアンコ２０１５
・傑作カバン図鑑２０１４
・ＭＯＮＯＭＡＸ２０１３年11月号
＊世界文化社
・Ｂｅｇｉｎ　２０１４ｎｅｎ２月号
＊『アジアに活路を求めて』　会田 實　繊研新聞社刊
＊『ルイ・ヴィトンの法則』　長沢 伸也　東洋経済刊
＊『ユナイテッドアローズ』　川島 蓉子　アスペクト刊
＊『ブランドビジネス』　高橋 克典　中央公論新社刊
＊『ブランドビジネス』　三田村 蕗子　平凡社刊
＊『ビームス戦略』　川島 蓉子　日本経済新聞出版社
＊『グッチの戦略』　長沢 伸也編者　東洋経済刊
＊『クールジャパンとは何か？』　太田 伸之　ディスカヴァー・トゥエンティワン刊
＊『ブランド』　石井 淳蔵　岩波書店刊
＊『シャネル』　山田 登世子　朝日新聞社刊
＊『私的ブランド論』　秦 郷次郎　日本経済新聞出版社
＊『独自性の発見』　ジャック トラウト　海と月社
＊『一勝九敗』　柳井 正　新潮社刊
＊『ユニクロ帝国の光と陰』　横田 増生　文藝春秋刊

●ジャコモ氏語録

「ベースはファミリービジネス。人と人のつながりを重視して価値観を共有する。その仲間とビジネスをする」

「デザインとは永遠性を与えること」

「コンペディターはいない！」

「良いデザイナーの条件は、生産過程を理解していること」

「どんな売り場でも、最高の商品を求めるお客がいる限り、オロビアンコはそこに存在し続ける」

「人生はコミュニケーション」

「エスプレッソを日本の器で飲むと味が変わる」

「初めて能を鑑賞した際は、ディテールに非常に興味を引かれた」

「売れる物と売れてる物の違いは視点だ」

「製造機械も工具も自分で創る、だから修理もできる」
「グランパパからグランサンに」
「日本人は忘れていた自分たちの資産に気づき始めている」
「思い入れのある人が語るから通じる」
「リアル・ヴァリュウ」
「ソーシャル キャピタルがベースだ」
「米国スタイルの経済に限界を感じている」
「お金で、〈ありがとう〉を表すんだ」
「お金が一人歩きする世界は社会がおかしくなっている」
「人がつないできたものが職人の魂」
「僕はインダストリアル ドクトルです」
「良い物が作れる国には、資産と呼べる人がいるってことだ」
「Webでは、文化も作れないしカフェも飲めない」
「素材開発の参考書は五輪書」
「若い人に鶏の足は2本と教える」
「目指すのはQQファクトリ、クオリティとクオンティティの両立だ」
「ニーズとシーズのマッチング」
「You believe, We believe」

オロビアンコの奇跡《きせき》

職人技《しょくにんわざ》とハイテクの融合《ゆうごう》が新市場《しんしじょう》を創《つく》る

２０１５年１月30日　初版 第１刷発行

著　　者　髙木《たかぎ》 浩一《こういち》

発 行 者　白子 修男
発 行 所　繊研新聞社
〒１０３−００１５ 東京都中央区日本橋箱崎町31−４ 箱崎３１４ビル
ＴＥＬ ０３（３６６１）３６８１　ＦＡＸ ０３（３６６６）４２３６
制　　作　スタジオスフィア
印刷・製本　（株）シナノパブリッシングプレス
乱丁・落丁本はお取り替えいたします。

ISBN978-4-88124-310-7 C3063